清代科技史丛书

郭世荣 主编

登州文会馆物理实验研究

郭建福 著

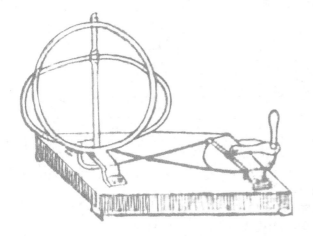

中国科学技术出版社
·北京·

图书在版编目（CIP）数据

登州文会馆物理实验研究 / 郭建福著 . -- 北京：中国
科学技术出版社，2020.12
（清代科技史丛书 / 郭世荣主编）
ISBN 978-7-5046-8890-3

Ⅰ.①登… Ⅱ.①郭… Ⅲ.①物理学－实验－历史－
研究－蓬莱 Ⅳ.① O4-09

中国版本图书馆 CIP 数据核字（2020）第 211962 号

策划编辑	王晓义
责任编辑	罗德春
正文设计	中文天地
封面设计	孙雪骊
责任校对	张晓莉
责任印制	徐　飞

出　　版	中国科学技术出版社
发　　行	中国科学技术出版社有限公司发行部
地　　址	北京市海淀区中关村南大街16号
邮　　编	100081
发行电话	010-62173865
传　　真	010-62173081
网　　址	http://www.cspbooks.com.cn

开　　本	720mm×1000mm　1/16
字　　数	230千字
印　　张	15.25
版　　次	2020年12月第1版
印　　次	2020年12月第1次印刷
印　　刷	北京虎彩文化传播有限公司
书　　号	ISBN 978-7-5046-8890-3 / O·205
定　　价	48.00元

《清代科技史丛书》序

梁启超在《中国近三百年学术史》中说道："明末有一场大公案，为中国学术史上应该大书特书者，曰：欧洲历算学之输入。"明末开始的两次大规模西学东渐，对清代科技产生的影响十分深远，也给相关的史学研究提出了很多问题。研究清代科学技术史，西方科技的输入及中国学者的消化、吸收与会通是绕不开的问题。在西方科技的影响下，中国科技的发展发生了重大转变，在会通中西科技的同时，开始了缓慢的近代化历程，直到 20 世纪前期完全西化。清代是我国科学技术史上的一个特殊时期，也是 40 年来中国科学技术史研究的热点之一。

内蒙古师范大学科学技术史研究团队十分重视清代科学技术史研究，早在 20 世纪六七十年代，李迪（1927—2006）先生就开始了清代数学史、物理学史、少数民族科学技术史、中西科技交流史等方向的研究，他于 1978 年出版《蒙古族科学家明安图》，并于 1992 年在罗见今教授协助下将其修订扩充为《明安图传》（蒙古文版）；1988 年他与郭世荣共同出版了《清初著名天文数学家梅文鼎》；1993 年出版《〈康熙几暇格物编〉译注》；2006 年又出版了《梅文鼎评传》。

自 20 世纪 80 年代开始，内蒙古师范大学一直把清代科学技术史作为重点研究方向，清代科学技术史成为科学技术史研究生学位论文的重要选题范围。师生共同努力，开展研究，前后主持《清史·传记·科技》《中华大典·数学典·会通中西数学分典》《中华大典·数学典·数学家与数学典籍分典》等重大文化工程图书的编纂工作，主持专题研究清代科学技术史的国家自然科学基金项目6项、国家社会科学基金项目9项、教育部人文社会科学研究项目4项（其中重大项目2项）、全国高校古籍整理项目1项，以及一批自治区科研项目。除了发表大量论文，内蒙古师范大学还出版了以下著作：《〈割圆密率捷法〉译注》（罗见今，1988），《清代级数论史纲》（特古斯，2002），《中国数学典籍在朝鲜半岛的流传与影响》（郭世荣，2009），《晚清经典力学的传入》（聂馥玲，2013），《中日近代物理学交流史研究（1850—1922）》（咏梅，2013），《清代三角学的数理化历程》（特古斯、尚利峰，2014），《〈大测〉校释》（董杰、秦涛，2014），《会通与嬗变——明末清初东传数学与中国数学及儒学"理"的观念的演化》（宋芝业，2016），《江南制造局科技译著集成》（冯立昇主编，2017），《中华大典·数学典·会通中西数学分典》《中华大典·数学典·数学家与数学典籍分典》（郭世荣主编，2018）。

过去20年来，我们主要从西方科技在中国的传播、中国学者对西方科技的接受、清代学者与西方传教士学者之间的互动、中国学者的研究工作几方面来研究清代科学技术史。具体来说，主要展开了以下五方面的研究。

第一，西学东渐的背景下，东亚科学技术史特别是中国科学技术史研究的编史学问题。编史思想决定选择什么样的问题和从哪些角度展开研究。在这方面，韩国学者和日本学者都有一些相当好的见解，值得借鉴。我们重点关注明末以来引进西方科技的一些问题，例如，影响中西科技交流的主要因素，引进西方科技的各种需求，输出方和接受方各自的作用，引进西学的内容选择，引进西学的信息流失与信息不完整性，传教士与东方学者之间的合作、竞争、矛盾等问题，汉译科技著作在东亚的影响，等等。

第二，科技翻译史问题。科技翻译史研究是近年来科学技术史学者投入精力较多的领域。汉译西方科技著作的活动是社会史、经济史、文化史、科学技术史、语言学、交流史、宗教史等学科共同关注的焦点，每个学科都有相当数量的研究成果。研究汉译西方科技著作的翻译方法与理论，跨越应用语言学、科学技术史及中外科技交流史等领域，属于多学科交叉研究。明清科技译著的翻译方法、理论、技术处理与水平，直接关系到西方科技知识在中国的传播方式、传播速度和本土化过程，也关涉中国科技的近代化历程。我们试图对明清时期传入的科技著作的翻译情况形成一个整体认识，试图全面理解这些译著的翻译水平、编译方式，对原著内容的选择、取舍，以及译著内容与传统知识的融合情况，也做了一些细致的个案研究，并在个案基础上进行综合研究。深入到原著和译著内部的实证研究是基础。没有实证研究，只能停留在表面泛论上。要做好实证研究，必须对著作的科学内容本身有深刻的理解，对当时的科学背景和科学内史有全面的把握，需要科学技术史与翻译学双管齐下。这对全面理解明清科技著作翻译活动、翻译水平、翻译方法与理论是不可或缺的，对中国科学技术史与中国翻译史的研究是不可省略的。另外，翻译过程中造成的各种偏差，特别是科学思想理解方面的偏差，也是不能不研究的问题。

第三，东亚科技成果的评价问题。近代科学革命带动西方科技的迅猛发展，西方科技东传是因为它比东方科技先进，这容易给人造成一种印象，似乎中国、日本、朝鲜等国的学者只是跟在传教士后面，学习他们带来的知识，而没有自己的创新。事实当然不是这样的。因此，如何评价引进西方科技对东方国家科技创新的作用，东方学者在哪些方面做出了创新性工作，怎么理解创新，如何评价东方学者的工作，等等，这些问题的研究都需要从传入的知识体系的结构、内容、完整性，以及知识传统等方面进行考察和理解，也必须对这种背景下的创新概念有一个深刻的理解。

第四，西方科技在中国的传播与会通中西问题。科技的传播、接受与本土化，是一个复杂的过程，需要从多方面展开研究。毕竟传来的西方知识体系从明末开始至清末为止始终都是不完整的，而且东西方科学传统的差异性极为明显。对清代学者来说，认识、理解、消化、吸收和应用传来的西方科技都具有相当大的挑战性。在翻译西方科技著作之始，会通也就开始了，会通中西科技与西方科技在中国的传播同步展开。二者相辅相成。在前人工作的基础上，更应该关注一些深层次的问题，例如，中国科技学者及其他知识分子对西方科技内容和思想的理解、认知与改造，中国固有知识与传入知识之间的冲突引起的各种问题，中国学者对西方科技知识的重新构建，西方科技对中国社会与学术思想的影响，具体学科或知识领域的前后认知变化，会通中西过程中引起的各种问题，以及中国科技的近代化历程，等等。

第五，晚清科学实验研究。科学实验是近代自然科学的基本特征之一。19世纪后期，西方实验思想、方法和内容开始大量传入中国。但是对晚清科学实验史的研究是一个薄弱环节，成果少，研究空间大，值得关注的问题很多。我们关注的主要问题有：西方科学实验在晚清的传播情况，科学实验相关文献翻译中的各种问题，中国人对实验的认知与掌握程度，晚清科学实验的整体概况，晚清科学教育中的实验与科学演示，科学实验在晚清的影响程度及其与西方科学实验的差距，中国学者的实验工作，中国学者在科学实验方面的中西会通，等等。

此外，我们也关注了清代科学技术史其他方面的工作，例如科技文献整理、清代学者在某一方面的具体工作、科学家传记、科学家书信、科技与社会、东亚各国间的科学交流，等等。所有这些研究，不是截然分开的，而是相互关联的。

我们编辑出版《清代科技史丛书》的目的，一方面是向同行介绍近年来在清代科学技术史研究方面取得的系列成果，请同行批评指正；另一方面是鞭策和鼓励本单位青年学者和研究生在这一领域做出新的研究成果。

这套丛书的出版获得了内蒙古自治区一流学科建设经费的支持，并得到中国科学技术出版社，以及该社王晓义主任的大力支持。内蒙古师范大学科学技术史研究院积极组织丛书的撰写工作，并委托本人担任主编。各位作者努力开展研究，通力合作，力图展现最新的研究成果。在此一并致谢！

郭世荣

2021 年 8 月 8 日

目　录

CONTENTS

第一章
绪　论

第一节　为何研究文会馆物理实验

物理学的形成与发展是以实验为基础的。研究物理学的方法是在观察和实验的基础上，对物理现象进行分析、抽象概括和总结，从而建立物理定律，形成科学理论，再回到实验中去进行检验。物理实验主要包括两种：一是对已经认定的科学定理和试验结果进行验证的试验，二是对未知事物的性能或者结果进行的试探性操作。前者是验证某种已经存在的理论而进行的实验。这样的实验一般具有实验目的、实验仪器、实验过程，最后根据实验数据形成实验报告，如物理教学类实验。后者则是为了解决某种物理问题，来检验某种新的理论，如著名的卡文迪什实验室的实验。实验是物理学的基础，也是物理知识的源泉。近代以来，物理科学研究得到迅速的发展，物理实验的进步与发展起到了很大的作用。

一、中国近代物理实验

中国古代就对实验有研究，也做过各种各样的实验，而且有较长的历史传统。但是出于种种原因，实验一般来说都是保密的，所以讨论中国古代的实验相当困难。李约瑟晚年曾下很大功夫研究中国古代炼丹术，但不是从实验的角度展开的。明末以来，随着西学东渐，西方的实验思想开始在中国传播。但是在西学东渐之初，传来的科学实验很少，而且这些实验以物理实验居多。到了晚清第二次西学东渐，随着《声学》《光学》《光学揭要》等一批含有较多物理实验的科技书籍被译成中文，中国人在学习和研读这些著作时必须对实验有所了解，甚至动手实验才能完全理解。正是在这样的背景下，物理实验及其仪器才慢慢被人们所认知并重视起来。研究这段历史有助于更全面地了解近代以来物理学传入的内容及深度。

研究中国近代的物理实验史，与研究欧美的物理实验史不同，应有其自身的特点。这主要是因为近代的物理实验不是中国固有的，而是从国外输入的。中国的近代物理实验是如何发展的，引进了哪些实验仪器，水平如何？在晚清西学东渐背景下，应该如何研究中国的物理实验？这需要进一步从科技史的角度进行研究和探讨。

1904年，清廷拟定并公布《奏定学堂章程》。在《中学堂章程》和《师范学堂章程》中对物理课有这样的要求："物理当先讲物理总纲，次及力学、音学、热学、光学、电磁学。凡教理化者，在本诸实验，得真确之知识，使适用于日用生计及实业之用。"说明当时的教育主管部门已经意识到理化实验的重要性，而且一些学校也开设了实验课。但由于仪器设备的严重匮乏等原因，在客观上影响了物理实验的开展，同时由于受到传统经学教育方法的影响，中国的教学缺乏相应的实验传统与基础，很多教师也并不重视实验，课堂上死记硬背仍是授课的主要形式。这种现象在官办学校尤为严重，一直到民国初期还没有发生根本性转变。

民国时期的学者何新发曾举过这样一个例子："某先生之教授杠杆也，曰分三种。绘图黑板，以明某图之属于某种杠杆，支点也，阻力也，动力也，分布清楚，丝毫不混。以言物理，理固如是，以言教法，法亦甚善。但听者所得之影像，不过纸上谈兵，一篇洋八股之图解而已，岂有他哉？实则杠杆之例，常与吾人生活中接触者，随处皆是。剪刀天平，属于身外，手指手臂，属于身上，教者稍加注意而提醒之，指示之，有物于此，再说其理，理即奥妙，何难之有？"[1]这种状况在当时还是比较普遍的。

---

① 付荣兴. 清末、民国时期的中学物理实验［N］. 中华读书报，2015-07-01（14）.

二、登州文会馆物理实验的开展情况

　　与官办学校相对的是晚清时期由传教士开办的教会学校。这些传教士中的很多人在来华前受过良好的科学教育，比较重视物理实验课程，而且学校的教学方法主要是讲实证，重实验，强调实际参与和动手能力。这就为中国近代物理实验的发展打下了坚实的基础。狄考文在山东省兴办的登州文会馆就是这些学校的一个代表。

　　登州文会馆是最早强调讲授西方自然科学知识的教会学校[①]。它是在美国传教士狄考文 1864 年创办的蒙养学堂的基础上发展而来的，并于 1884 年被确定为大学，成为"中国第一所基督教大学"[②]，也就是民国时期中国最早的大学之一——齐鲁大学的前身。齐鲁大学（英文名 Shangtung Christian University，也称 Cheeloo University）位于山东省济南市，是近代中国著名大学。1952 年，全国高校院系调整后，齐鲁大学的各学科分别并入山东大学、山东师范学院（今山东师范大学）等几所大学。齐鲁大学经历了登州文会馆、潍县广文大学和济南齐鲁大学三个阶段，其中潍县广文大学时期，虽然地址迁到潍县，却完整地保留着文会馆时期的教学模式和方法，可以看作是文会馆时期的延续。本研究为登州文会馆和广文大学时期的物理实验情况。登州文会馆在当时的历史条件下规模不大，却早在 19 世纪 80 年代初就发展为一所高水平的综合性大学，且招生、授课模式以及学生管理等都很有自己的办学特色。[③]

　　登州文会馆很早就建起了理化实验室。狄考文 1874 年 2 月的日记记述关于那一年在神学班的工作时说：实际上我的全部时间都用在了教学、实验和制作仪器上。大部分时间，我都有一些木工和铁工在工作。我准备了大部分需要用来演示力学的器物，准备了一些演示光学的器物，也装配了一台摩擦生电设备，并为我的电机制作了大量小物件。[④]

　　① 何晓夏，史静寰. 教会学校与中国教育近代化 [M]. 广州：广东教育出版社，1996.
　　② 王元德，刘玉峰. 文会馆志 [M]. 潍县：广文学校印刷所，1913.
　　③ 郭大松. 中国第一所大学——登州文会馆 [M]. 济南：山东人民出版社，2012.
　　④ 费丹尼. 一位在中国山东四十五年的传教士——狄考文 [M]. 郭大松，崔华杰，译. 北京：中国文史出版社，2009.

19 世纪末，登州文会馆的理化实验室初具规模，配置的各种实验器材达 300 多种。美国长老会山东差会在向总部的报告中说，文会馆已经拥有"大量物理和化学仪器设备，拥有中国最多和最好的物理和化学仪器设备"。1897 年，狄考文在给美国杰斐逊学院同学的一封信中也说："我们现在拥有与美国普通大学一样好的仪器设备，比我们毕业时的杰斐逊学院的两倍还多"[①]。后来被认为是齐鲁大学四大设施的实验室、电机房、天文台、印刷厂在登州文会馆时期就已经形成了。[②]登州文会馆优秀毕业生丁立璜，在济南开办的"山东理化器械制造所"，专门生产教学仪器供全国使用。在南京南洋劝业会上，"山东理化器械制造所所制物品陈列南洋劝业会，咸称为全国第一家。"[③]

然而，目前对晚清时期物理实验仪器的生产、使用以及实验仪器操作的研究文献非常少，甚至还有学者认为 1918 年以前"我国大学物理课只有讲堂讲授而无实验课"[④]。登州文会馆从 1864 年建校到 1904 年成为广文大学，在这段四十多年的历史中建有很好的理化实验室，至今却没有论文论著对其加以研究。因此有必要对该校物理实验室的建设情况进行梳理、研究。通过研究文会馆的物理实验，还可以进一步探讨清末早期学制建立之前的这一段时期中国的物理实验教育、实验仪器的生产和实验室建设情况，以及教会大学和传教士在晚清时期对近代物理学和物理实验的传入起到了哪些作用。这些都是值得深入研究的。

第二节 研究现状

狄考文和妻子狄邦就烈自 1864 年来到登州传教、办学，时间长达数十年，其间留下了很多资料和文献，对研究登州文会馆的办学情况和物理学知识在中国的传播有很重要的参考价值。

① 费丹尼. 一位在中国山东四十五年的传教士——狄考文 [M]. 郭大松，崔华杰，译. 北京：中国文史出版社，2009.
② 何晓夏，史静寰. 教会学校与中国教育近代化 [M]. 广州：广东教育出版社，1996.
③ 王元德，刘玉峰. 文会馆志 [M]. 潍县：广文学校印刷所，1913：4.
④ 钱临照. 纪念胡刚复先生百年诞辰——谈物理实验 [J]. 物理实验. 1992（3）.

一、相关的中外文研究资料

由登州文会馆毕业生王元德、刘玉峰编著的《文会馆志》^①是登州文会馆的纪念性志书，是研究文会馆的第一手资料。书中对登州文会馆的师生做了介绍，对文会馆的历史沿革、规章制度、教学方法、仪器图书等都有较为详细的说明，是研究登州文会馆的重要依据。

一些书籍也收录了与登州文会馆相关的资料，如《中国近代学制史料》第二辑上册、第三辑上册、第四辑，特别是第四辑^②收录的齐鲁大学 1937 年以前的大量珍贵史料对登州文会馆的教学、管理都有描述。《中国近代教育史教学参考资料》^③内容包含狄考文关于教育和基督教信仰之间关系的论文，以及狄考文到上海做电学实验演讲的内容。

相较中文资料，外文资料则更为丰富。美国传教士办理的英文刊物《教务杂志》（*The Chinese Recorder*）有很多狄考文的文章，以及关于登州文会馆的报道。美国北长老会海外宣教部档案包含了来华美国长老会传教士与海外宣教部之间的信件、差会的年度报告、会议记录及传教士个人报告，是研究美国北长老会在山东传教活动的第一手资料。

在华传教士的很多传记类作品，也给研究登州文会馆和狄考文提供了丰富的资料，如魁格海的 *Hunter Corbett：Fifty-six Years Missionary in China*，斯比尔的 *A Missionary Pioneer in The Far East-Memorial of Divie Bethune McCartee*，倪维思的 *China and Chinese*，倪海伦的 *Our Life in China* 和 *The Life of John Livingston Nevius：for Forty Years a Missionary in China*，史荩臣的 *China from Within*，贺乐德的 *New Thrills in Old China*，费丹尼的 *Calvin Wilson Mateer：Forty-five Years a Mssionay in Shantung China*，狄乐播的 *Character Building in China：The Life Story of Julia Brown Mateer*。这些作品大多是传教士本人的亲身经历或由亲人朋友所写，是他们在华

---

① 王元德，刘玉峰. 文会馆志［M］. 潍县：广文学校印刷所，1913.
② 朱有瓛，高时良. 中国近代学制史料：第四辑［M］. 上海：华东师范大学出版社，1993.
③ 陈学恂. 中国近代教育史教学参考资料［M］. 北京：人民教育出版社，1986.

从事传教活动以及教育活动的较早记录，也为研究登州文会馆及其物理实验提供了丰富的外部资料。

在华传教士与海外宗教团体具有密切的联系，与美国本部有大量的书信往来。狄考文和登州文会馆受美国北长老会的领导，因此他们之间也有大量的书信来往。如：*The Christian Man*，*The Church and The War*，New York.1918；*Presbyterian Foreign Missions-An Account of the Foreign Missions of the Presbyterian Church in the USA*. Philadelphia.1901；*Missions and Modern History-A Study of the Missionary Aspects of Some Great Movements of the Nineteenth Century*. New York.1904；*The Foreign Missionary-A Incarnation of a World Movement*. New York. 1907；*The Church and Missions*. New York.1926；*The Situation in China-A Record of Cause and Effect*. New York.1900；*The Unfinished Task of Foreign Missions*. New York.1926；*Report of The China Missions of the Presbyterian Board of Foreign Missions*. New York.1897；*Report on a Visitation of the Missions in China of the Board of Foreign Missions of the Presbyterian Church in the USA*. New York.1902；*New Forces in Old China*. New York.1904；*The Chinese Revolution*. New York.1912；*One Hundred Years*：*A History of the Foreign Missionary Work of the Presbyterian Church in the USA*. New York.1937；*Why and How of the Foreign Missions*. New York.1911。还有现存于耶鲁大学图书馆的关于路思义的家庭记录，这些书信和记录为研究登州文会馆的教学情况、师资力量、财政来源和实验室的规模与水平等，提供了很多有价值的参考资料。

二、相关的研究成果

目前，对登州文会馆的研究已经有了丰硕的成果。《一位在中国山东 45 年的传教士——狄考文》[1]一书讲述了登州文会馆的创办者狄考文的一生。其中讲到狄考文的办学情况，从 1864 年创办蒙养学堂到登州文会馆，再到 1884 年正

---

① 费丹尼. 狄考文传———一位在中国山东四十五年的传教士 [M]. 郭大松，崔华杰，译. 北京：中国文史出版社，2009.

式成为大学，直至学校迁址潍县成立广文大学。作者费丹尼本身就是狄考文的朋友，又获得了狄考文家人的很多资料，因此该书是研究狄考文及文会馆物理实验的最为重要的资料之一。

《中国第一所现代大学——登州文会馆》[①]主要包括登郡文会馆要览、登郡文会馆典章、文会馆志等内容，编者选取了登州文会馆早期可靠的中、外文文献，编译了这本资料集。其中的文会馆要览、文会馆典章是文会馆 1891 年出版的有关文会馆教学和实验最翔实的资料，文会馆志是 1912 年出版的关于文会馆几十年办学成果的汇总。这些内容都是文会馆的原始资料，而且内容翔实可靠，因此该书是研究文会馆必备的书籍。

《齐鲁大学》[②]讲述齐鲁大学从初建到结束的历程，包括齐鲁大学的各个阶段，登州文会馆、广文大学和搬迁到济南的齐鲁大学，对学校的教学、管理和学校发展过程做了较为详细的叙述。该书的英文版是 1952 年出版的，著者郭查理是郭显德[③]牧师的儿子，因此书中有一些关于文会馆物理教学的资料，但更多的是关于文会馆的发展史。

硕士论文《狄考文研究》[④]讲到狄考文来中国传教的背景资料，由传教到从事教育工作是狄考文在思想上转变的必然结果。从狄考文兴办登州文会馆，到他加强师资队伍建设、构建教师间的和谐关系、完善实验设备并提高学生的手工操作能力等方面做了一些说明。

《传教士与近代中国》[⑤]是关于传教士与近代中国关系的奠基之作。全书系统地记述了传教士在近代中国活动的过程，对他们参与军事、外交和政治，特别是参与文化教育和慈善事业的行为进行了全面论述。作者对几个有代表性的传教士、教案、教会学校和广学会那样的出版机构，着重作了介绍，也是研究传教士与中国近代教育、科技的重要资料来源。

---

① 郭大松. 中国第一所现代大学——登州文会馆［M］. 济南：山东人民出版社，2012.
② 郭查理. 齐鲁大学［M］. 陶飞亚，鲁娜，译. 珠海：珠海出版社，1999.
③ 郭显德是一位在华时间长达 56 年的传教士，也是狄考文的生前挚友。
④ 崔华杰. 狄考文研究［D］. 济南：山东师范大学，2008.
⑤ 顾长声. 传士与近代中国［M］. 上海：上海人民出版社，1981.

《基督教与近代中国社会》①对唐元明清的基督教传播做了介绍，对作为外来社会力量的基督教会和作为外来文化意识形态的基督教信仰与中国传统社会和传统文化之间的冲突与调和、歧异与趋同，以及由此引起的对中国社会与教会内部之间的相互影响和互动关系等问题，做了全面、深入、系统的研究。《普遍主义的挑战：近代中国基督教教育研究》②提出以普遍主义运动的视角来考察传教士的文化教育思想和近代中国的基督教教育，全面论述了普遍主义思想与运动的内涵，基督教教育的基督化教育宗旨，教会学校在中国的本土化与西化教育模式的选择，以及近代中国民族主义与普遍主义的冲突，该书可以更好地帮助理解文会馆建校理念和科学教育思想。《中华归主：1901—1920年中国基督教调查资料》③对美国北长老会清末民初在山东的布道、医疗、教育事业等做了介绍，并附有详细的数据统计。《中西文化交流的先驱和桥梁——近代山东早期来华基督新教传教士及其差会工作》④介绍了晚清时期基督教在山东的传教活动，涉及大量传教士的传记和传教记录内容以及烟台启喑学校的资料。这些书籍为研究登州文会馆的发展提供了大量外史资料。

《来华传教士与近代烟台社会变迁》⑤通过重现基督教传教士在烟台的活动历史，分析了传教士对烟台早期现代化历程的参与程度，以及这一进程带来的深远影响。《山东教会中学浅述》⑥从登州文会馆开始，对基督教在山东所办中学发展情况，做了梳理。《晚清传教士的教会自立思想——以倪维思为典型个案》⑦以晚清来华传教士中提倡教会自立的代表性的人物倪维思为个案，对他关于中国教会自立的思想和实践活动进行专门的探讨，结合晚清中国自立教会

① 顾卫民. 基教与近代中国社会［M］. 上海：上海人民出版社，2010.

② 胡卫清. 普遍主义的挑战：近代中国基督教教育研究［M］. 上海：上海人民出版社，2004.

③ 中国续行委办会调查特委员编. 中华归主：1901—1920年中国基督教调查资料［M］. 北京：中国社会科学出版社，2007.

④ 郭大松. 中西文化交流的先驱和桥梁——近代山东早期来华基督新教传教士及其差会工作［M］. 北京：人民日报出版社，2007.

⑤ 邓云. 来华传教士与近代烟台社会变迁［D］. 武汉：华中师范大学，2005.

⑥ 赵颖. 山东教会中学浅述［D］. 济南：山东大学，2007.

⑦ 刘海亮. 晚清传教士的教会自立思想——以倪维思为典型个案［D］. 济南：山东大学，2009.

的发展状况，对比其他传教士的教会自立思想，使人们对晚清来华传教士关于教会自立的思想有一个整体的认识。《美国北长老会与晚清山东社会（1861—1911）》[①]从区域传教史和中西文化交流史的角度入手，以美国北长老会海外宣教部档案为基础，追溯美国北长老会在山东的传教足迹，同时注重根据宗教与社会的互动关系来考察美国北长老会在山东的传教活动。

以上文章主要从社会史和教育史的角度进行研究的，以下文章从科技史的角度研究登州文会馆。《〈八线备旨〉在清末》[②]通过对《八线备旨》一书的研究，探讨了晚清数学等某些引进项目的盛衰过程。《清末〈笔算数学〉的内容、传播及其影响》[③]通过对狄考文辑、《笔算数学》的内容、传播和影响做了详细的分析梳理，认为《笔算数学》是清末流传最广的算学教科书。《登州文会馆天文教育及其教材〈天文揭要〉研究》[④]对登州文会馆的来龙去脉做了简要叙述，重点对登州文会馆的天文学教育、《天文揭要》英文底本及其与《谈天》的对比做了详尽的分析。这些研究对文会馆整体的教学理念缺乏整体性、系统性的梳理。

对晚清至民初物理实验的研究非常少。《清末民国中学物理教科书中实验部分的变迁研究》[⑤]对1904年清末新学制之后到民国时期的中学物理实验变迁做了简单的梳理，对民国初年的几本中学物理教材的实验做了数据统计，对实验内容、实验仪器、实验过程等几乎没有涉及，更谈不上研究。付荣兴的《清末、民国时期的中学物理实验》也只是极为概括地对清末、民国时期的中学物理实验做了简单的回顾，没有涉及相关的实验内容。仅有的这两篇文章还是研究清廷学制颁布之后的物理实验，至于学制颁布之前的物理实验的研究文章则更少。《我国近代科学先驱邹伯奇》[⑥]《邹伯奇对光学的研究》[⑦]研究了晚清人士邹伯奇

①　王妍红. 美国北长老会与晚清山东社会（1861—1911）[D]. 武汉：华中师范大学，2014.

②　张凤英.《八线备旨》在清末 [D]. 呼和浩特：内蒙古师范大学，2014.

③　张学锋. 清末《笔算数学》的内容、传播及其影响 [J]. 中国科技史杂志，2013，34（3）：316-329.

④　李瑞鹏. 登州文会馆天文教育及其教材《天文揭要》研究 [D]. 上海：东华大学，2016.

⑤　李晓楠. 清末民国中学物理教科书中实验部分的变迁研究 [D]. 长春：东北师范大学，2016.

⑥　李迪，白尚恕. 我国近代科学先驱邹伯奇 [J]. 自然科学史研究，1984，3（4）：378-390.

⑦　李迪. 邹伯奇对光学的研究 [J]. 物理. 1977，3（5）：308-313.

的实验思想和部分实验内容，重点说明了邹伯奇的光学实验，但由于当时的实验仪器很难得到，自制的仪器则比较粗糙，因此邹伯奇的实验还只是向近代物理实验的一种过渡形式。

从各方面资料分析可以看出，研究登州文会馆的文章很多，中、外史料相当丰富。然而，真正从科技史的角度研究登州文会馆的物理学传入和物理实验发展的论文少之又少。正如郭大松、杜学霞在《中国第一所现代大学：登州文会馆》的"前言"中指出："登州文会馆曾一度开设与中国当时科举制度下学子读书内容完全一致的传统课程，将文理、中西甚至工科和医科统统融为一体，学生毕业后各有所长。相对于今天分科越来越细，不同学科出身的学子隔行如隔山，难以甚或根本不可能融通的局面，也不能不说是一大奇迹。从这个意义上说，文会馆研究，需要历史学以外更多领域的学者参与，以期为今天的高等教育改革提供些许历史镜鉴。"因此从科技史的角度去研究探讨登州文会馆的物理实验，正当其时。

第三节　实验分类及研究方法

一、实验分类

狄考文从蒙养学堂时期就开始了仪器设备的收集，这使得登州文会馆的理科教学非常重视实验。[①]文会馆拥有的实验设备甚至比国外很多大学都好、都多，达到300多种，10个大类的实验仪器。这么多的实验仪器按用途又可分为3类：教学验证类、职业技术类和科技创新类。

（1）教学验证类实验。登州文会馆的发展经历了从蒙养学堂、文会馆再到高水平大学，实验仪器固然以教学验证为主，这在水学器、气学器和力学器中表现得尤为突出。这主要还是因为水学、气学和力学的发展已经基本成熟，到

---

① 费丹尼. 一位在中国山东四十五年的传教士——狄考文 [M]. 郭大松，崔华杰，译. 北京：中国文史出版社，2009.

19世纪末期没有重大的、新的理论突破的内容出现，基本保持在牛顿经典物理学的范畴之中，爱因斯坦的狭义和广义相对论是在1919年以后才广为人们承认。所以这部分实验仪器相对来说比较稳定，它们的建立依据也主要是以早期的教科书为主，《格物入门》的《水学》《气学》《力学》的内容与文会馆的实验器材非常地契合。

一是这些仪器更多的突出趣味性、直观性特点。比如压力六面表，非常直观形象地说明水的压强是沿各个方向传播的，以至于这件仪器还广泛地应用于现代物理实验课堂上。还有水鬼、虹吸等仪器，虽然设计非常简单，实验现象却非常有趣，比较容易引起学生的学习兴趣。

二是注重对中国传统器具的理论解释。文会馆实验室对中国的传统器具介绍的很多，与其他学校不同的是，文会馆并没有出现一种本土化的倾向，而是恰恰相反，力图将中国传统的文化、生产、生活的用具纳入西方先进的科学理论体系中去解释。如欹器是中国特有的器具，最初出现时的作用是汲水，而后被儒家思想加入了"满招损，谦受益"的内涵，堂而皇之地晋升为祭祀用具，增加了神秘色彩。文会馆实验室用重心理论加以解释，则非常简明地说明了原委。再比如离中车是早在两千年之前墨家学派创制的，中国手工业者只是将其作为一件技术用具，长期使用而已。文会馆实验室则将其作为斜面理论的经典应用予以说明。还有翻车、水碓、杠杆、滑轮（滑车）、尖劈等，这些中国传统用具就被纳入牛顿经典力学理论体系中去了。

（2）职业技术类实验。登州文会馆早期的学生都是贫苦人家出身的孩子，最初的六个学生则完全是乞丐，很多人家将孩子送到文会馆学习主要是因为文会馆不收取学费，还管吃管穿管住。因此学生毕业后能否找到工作，是狄考文特别注重的一个方面。这也促使文会馆实验室在选取仪器设备时，很注重职业技术类设备的收集，其中最为突出的则是蒸气器。

蒸气器有用于打制器具的火轮锤。这也是近代铁工必备的器具，有用于开矿的舂矿机，有火车机车模型可供学生拆解分析研究，有轮船汽机以及相应的明轮、暗轮可供学习。当然，还有实用性特别强的横机。横机就是常用的织布机。那时对织布机的需求非常大，所缺的就是熟练使用的技术工人，更缺少的是会维修的专业技术人才。当时，文会馆不但教授学生使用这些设备，还学习原理和维修，实验室内就设有火车的汽机剖面。文会馆不仅培养了一批科学教育人才，还培养了一批专业技术人才。他（狄考文）的学生有许多都精通铁工、机工、电工，而且不愁找不到工作。①

（3）科技创新类实验。文会馆实验室不仅有教学仪器和技术设备，还有很多研究性实验仪器设备。声学器有当时先进的印音轮，是研究录音原理的基本设备；有声光镜，是研究声音和图像同步的设备，有声电影正是根据这一原理创制。光学器有显微镜，可以研究微观世界，有爱斯兰石和极光镜研究光的偏振现象，还有最先进的研究 X 射线的全套的然根光诸器。电学器中有先进的电动机（木头耳）和发电机（代拿木），还有电报机，都是当时很先进的电器设备。文会馆的天文实验室拥有当时国内最为先进的观测设备，学生可以利用反射式望远镜观察星际世界，而且在此基础上，建起了两座先进的天文台。学校的程庭芳（1911—1968）就是使用学校折射式望远镜观测到了太阳黑子和星云以及变星等，引起了天文学界很大的震动。文会馆毕业生王锡恩留校后长期担任天算系教职达数十年之久。他发明的日食新法，一经发表，就受到天文学界的重视。这些研究成果都是建立在学校先进的研究设备基础之上的。

当然，文会馆实验室的这三类仪器作为一个整体并没有绝对的界限，而是有机地结合在一起，以适应不同的学习目的和不同的学习人群。

二、研究方法

本书将重点从科学技术史角度阐述研究成果，但不会局限于科技史、教育史、社会文化史的框架，即从多个维度综合探讨登州文会馆发展状况及其影响。

首先，本书籍采用文献分析法，包括期刊、杂志、专著等，1949 年后国内关于物理实验分析的专著、博硕士论文、期刊、杂志等。本书还对同时期的物理教材和实验采用横向比较的方法，将《格物入门》与迦诺的《初等物理学》

---

① 费丹尼. 一位在中国山东四十五年的传教士——狄考文 [M]. 郭大松，崔华杰，译. 北京：中国文史出版社，2009.

英译本第 3 版进行比较,将《声学揭要》《光学揭要》《热学揭要》及《形性学要》与《初等物理学》第 5 版、第 12 版、第 14 版做了比较研究,这样便于考察文会馆引入物理实验的深度和广度;本书还将文会馆物理教材和实验与清末、民国时期以及现代物理教科书及实验做了纵向的比较,来考察对现代学校物理实验的影响和作用。

最后,本书作者通过研读大量相关史料,分段梳理研究,从获得的资料中梳理出了一批与文会馆物理实验相关的资料文件,并仔细阅读分类。这些资料也成为笔者顺利完成本书的物质保证。在材料的处理方面,有针对性进行了分类,对力学实验、水学实验、气学实验变动不是很大的实验,主要依据《格物入门》相关内容以及实验仪器展开论述;对于声学实验、热学实验、光学实验,采取先研究教材再研究实验内容的方法;对于电学实验和蒸汽实验等部分则采取以研究实验仪器和英文教材来配合研究实验的方法。

第四节 内容综述

本书主要探讨登州文会馆从初创时期的 1864 年到 1917 年迁校到济南成立齐鲁大学的这段时间中物理实验室的发展历程、物理实验设备与仪器的种类,以及这些物理实验设备与物理著作相结合等情况。

全书内容共有 8 章。第 1 章是绪论部分,主要引出关注的问题、学界关于相关方面的研究现状、研究目的以及所依据的资料等。第 2 章讲述登州文会馆物理实验的三个发展阶段及相关重要人物。第一阶段是初创阶段,即狄考文时期。这一时期校舍简陋,生源困难。狄考文白手起家,自写教材,自制仪器,创建起物理实验室。之后,随着学校的发展,引入了丁韪良的物理著作——《格物入门》,实验室建设则通过自制、购买、别人捐赠逐渐添置仪器,但实验水平处于初级阶段。第二阶段是 1882 年赫士来华,带来一架较大口径的望远镜及一些仪器设备,建起了天文台,翻译《天文揭要》《光学揭要》《声学揭要》《热学揭要》等物理学著作,并配备与其相适应的实验仪器设备,学校物理实验室初具规模。此时，全国的很多学校开始建设物理实验室。第三阶段是伯尔根 1901 年接任校长，与路思义一起建设高标准实验大楼和标准化物理实验室。对狄考文、赫士以及路思义的研究有助于说明文会馆物理实验室的发展历程与脉络。

登州文会馆共有 11 个物理实验室，本书按照力、热、声、光、电的顺序对实验室的仪器设备进行梳理和说明，并与同时期的国外的物理实验仪器进行横向比较以说明引进的实验水平如何，与现代的物理实验纵向相比较以说明对现代的物理实验影响如何。第 3 章力学实验将首先分析文会馆教材《格物入门》第 5 卷《力学》，并与同时期的《重学》（李善兰译）做比较，再对力学实验室和流体力学实验室（水学实验室）逐一分析说明。第 4 章热学实验首先对《热学揭要》进行分析，而后结合本书对热学实验室进行说明，有哪些仪器？水平如何？然后介绍热力学实验（蒸汽实验）的仪器和设备。第 5 章声学、气学实验，首先对《声学揭要》进行分析，而后讲解声学实验的内容，声音的传播与大气有关，因此之后说明气学实验。第 6 章光学、天文实验，首先分析《光学揭要》，而后说明光学实验室。由于很多天文实验仪器本身也是光学仪器，因此将天文实验放在这一章介绍。第 7 章电磁实验，这是本书的难点之一，由于当时的电磁学发展很快，《格物入门》第 4 卷《电学》显然无法跟上当时电磁学日新月异的发展。本书将结合当时的《初等物理学》第 14 版电学部分进行说明。第八章对登州文会馆之后的物理实验发展及实验室建设展开讨论，主要讲对广文中学及文会馆毕业生的发展及影响。本书最后部分，笔者力求从科技史的角度对登州文会馆 1917 年之前的物理学实验建设情况进行分析总结。

第二章

登州文会馆物理实验室及其相关重要人物

第一节　登州文会馆物理实验概况

自伽利略以来，实验成为近代物理学最基本的特征之一。晚清汉译西方物理学著作中介绍了一些物理实验，但是大多数学校并没有真正重视物理实验课，所以有学者认为1918年以前"我国大学物理课只有讲堂讲授而无实验课"[1]。一些教会学校讲实证、重实验，建立了较好的实验室，对于近代科学实验在中国的传播起到了引领作用。狄考文（Calvin Wilson Mateer，1836—1908）在山东创办的登州文会馆就是这样一所学校。下面对该校的物理实验情况做一初步介绍。

一、登州文会馆的物理教育

登州文会馆是最早强调讲授西方自然科学知识的教会学校。[2]它是美国传

---

① 钱临照. 纪念胡刚复先生百年诞辰——谈物理实验 [J]. 物理实验，1992（3）：99-101+115.

② 何晓夏，史静寰. 教会学校与中国教育近代化 [M]. 广州：广东教育出版社，1996.

教士狄考文 1864 年创办的蒙养学堂基础上发展而来的，并于 1884 年被赞助者美国长老会确认为大学，英文名称"Tengchow College"，成为"中国第一所基督教大学"。①登州文会馆当时的规模并不大，但招生、授课模式、学生管理都很有特色。早期将文理、中西甚至工科和医科统统融为一体，学生毕业后各有所长。②

文会馆一直特别注重物理学科，正斋第三年和第四年学习两年物理学，其中第三年学习水学、气学、声学、热学、磁学，第四年学习光学和电学。③文会馆在建校初期将丁韪良编写的《格物入门》作为学校物理教科书。狄考文还自己编译过《理化试验》《电学全书》《电气镀金》等书籍，④但是他本人对这些教材并不是十分满意，没有出版。

1882 年，赫士（Watson McMillan Hayes，1857—1944）夫妇受美国北长老会派遣来到文会馆。赫士自幼聪颖好学，受过正规的大学教育，学习了拉丁文、希腊文、是非学（逻辑学）及理化诸科。来华不久就掌握了汉语，并用于教学和传教。赫士先后编译出版了《声学揭要》《光学揭要》和《热学揭要》，并多次再版。至此，文会馆的物理学教育得到进一步完善和发展，与物理教科书相配套的物理实验和实验仪器也得到了很大发展。

二、登州文会馆实验室的三个发展阶段

登州文会馆很早就建起了自己的理化实验室。在近半个世纪的时间里，登州文会馆物理实验室的发展大体经历了初创阶段、规范化阶段、标准化阶段三个发展阶段。

1864—1882 年是初创阶段，代表人物是狄考文。这一时期校舍简陋，生源困难。狄考文白手起家，通过自己仿制、购买、别人捐赠等方法逐渐添置仪器，

---

① 王元德，刘玉峰. 文会馆志 [M]. 潍县：广文学校印刷所，1913：1.
② 郭大松. 中国第一所现代大学——登州文会馆 [M]. 济南：山东人民出版社，2012：8.
③ 郭大松. 中国第一所现代大学——登州文会馆 [M]. 济南：山东人民出版社，2012：10.
④ 王元德，刘玉峰. 文会馆志 [M]. 潍县：广文学校印刷所，1913：4.

创建了文会馆物理实验室。狄考文 1874 年 2 月的日记记述那一年工作时说:"实际上我的全部时间都用在了教学、实验和制作仪器上。"[①]此时的文会馆经济拮据,无力购买先进的实验仪器,大部分实验仪器是由狄考文自己制作,实验室建设还处于初级阶段。

1882—1901 年是实验仪器的规范化阶段,代表人物是赫士。1882 年赫士来华,带来一架较大口径的望远镜及一些仪器设备,建起了天文台,并配备与其相适应的实验仪器设备,学校物理实验室初具规模。1897 年,狄考文在给美国杰斐逊学院同学的一封信中也说:"我们现在拥有与美国普通大学一样好的仪器设备,比我们毕业时的杰斐逊学院的两倍还多"。[①]被认为是齐鲁大学四大设备的实验室、电机房、天文台、印刷厂在登州文会馆时期已经形成了。[②]

1901—1917 年是物理实验室的标准化阶段,代表人物是路思义(Henry Winters Luce,1868—1941)。1897 年,路思义受美国北长老会派遣来到登州文会馆并负责学校的物理教学工作,直到他 1906 年回国述职为止。[③]

1901 年,路思义等人开始筹建文会馆新校区。1904 年,文会馆迁往潍县,在新校址建成了康伟楼[④],并与青州的广德学院合并成立广文大学(图 2-1)[⑤]。教学仪器设备"移至广文学堂,藏于康伟楼中,"实验室管理也更加规范。1907 年,路思义回到广文大学,带回了近三万美元的募款,学校又添购和研制了大量先进的教学仪器和设备,学生可以两三个人一组同时进行实验。[⑥]

---

① 费丹尼. 一位在中国山东四十五年的传教士——狄考文 [M]. 郭大松,崔华杰,译. 北京:中国文史出版社,2009.

② 何晓夏,史静寰. 教会学校与中国教育近代化 [M]. 广州:广东教育出版社,1996.

③ 葛思德. 勇往直前:路思义的心灵世界 [M]. 甘耀嘉,译. 台北:雅歌出版社,1999:92.

④ 康伟楼即科学楼,是费城的康佛思(John Converse)捐献 5000 美元修建,后来他又为添置科学楼的设备捐献了 1000 美元。

⑤ 潍县时期的广文大学管理比较分散,各分校之间仍然独立运作,这种状况一直持续到1917 年各分校在济南合并成立齐鲁大学,因此潍县时的广文大学被认为是文会馆的延续。

⑥ 韩同文. 广文校谱 [M]. 青岛:青岛师专印刷厂,1993.

图 2-1 成立之初的广文大学（中间的建筑为康伟楼）

狄考文为了制作、准备教学实验仪器，还花费 1000 美元建起了一个相当完善的制作所。"我自己出资雇用了一名工人，我已对这名工人进行了训练，他能够做大部分普通工作。"[①]这名工人是曾就读于文会馆的丁立璜[②]，他事实上起到了实验员的作用。1901 年，丁立璜被袁世凯聘到济南之后，这项职务由葛世泽[③]接任。之后，制造所逐渐扩大规模，1911 年冯纯修[④]广文大学毕业留校做教习并兼任理化制作所总工程师。直到 1917 年学校搬迁到济南，制作所和实验仪器留给了文华中学。

三、登州文会馆物理实验室的实验仪器

1913 年，广文学校印刷的由王元德和刘玉峰编写的《文会馆志》，记录了文会馆的 300 多种实验仪器（图 2-2），分为十大类，包括：水学器、气学器、蒸气器、声学器、力学器、热学器、磁学器、光学器、电学器（干电器、湿电器、副电器三类）和天文器。[⑤]现将有关情况介绍与说明如下（对与现代名称一样或明显可知是什么仪器的不予介绍）。

---

① 王元德，刘玉峰. 文会馆志 [M]. 潍县：广文学校印刷所，1913：163.

② 丁立璜，字渭真，胶州大辛疃人，曾师从狄考文学习实验仪器制作，但并不是文会馆正式毕业生。1881 年袁世凯在登州从军期间，对此非常了解，1901 年袁世凯在担任山东巡抚期间，聘请丁立璜创建了山东理化器械所，专门生产理化实验仪器。

③ 葛世泽，青州府乐安县邓家庄人，广文大学肄业兼习理化制造。

④ 冯纯修，字宗文，青州府昌乐县乔官人，1911 年毕业于广文大学并留校任教。

⑤ 王元德，刘玉峰. 文会馆志 [M]. 潍县：广文学校印刷所，1913：41-47.

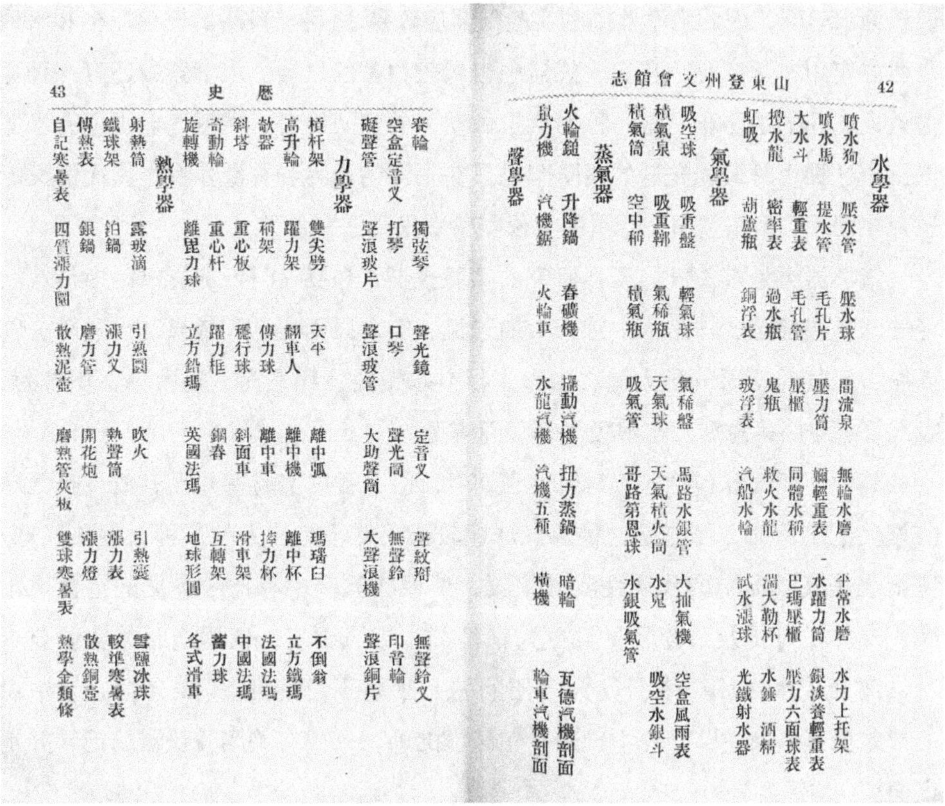

图 2-2 《文会馆志》关于实验仪器的书影[1]

（书影内容，传统竖排，自右向左）

右页（志館會文州登東山　42）

水學器
喷水狗　壓水管　壓水球　間流泉　無輪水磨　半常水磨　水力上托架
噴水馬　提水管　毛孔片　壓力筒　奶輕重表　水躍力筒　銀淡養輕重表
大水斗　輕重表　毛孔管　壓櫃　同體水稱　巴瑪壓櫃　壓力六面球表
攪水龍　密率表　過水瓶　鬼瓶　救火水龍　湍大勒杯　水錘　酒精
虹吸　葫蘆瓶　銅浮表　玻浮表　汽船水輪　試水漲球　光鐵射水器

氣學器
吸空球　吸重盤　輕重粿　氣稀瓶　天氣盤　馬路水銀管　空盒風雨表
壓空球　輕重球　氣稀瓶　天氣球　天氣稀筒　大抽氣機　吸空水銀斗
空中稱　氣稀筒　哥路第恩球　水兒　水銀吸氣管　積氣筒　積氣泉　空氣筒

蒸氣器
升降鍋　春礦機　火輪車　水龍汽機　汽機五種　橫機　暗輪　瓦德汽機剖面　輪車汽機剖面
汽機鋸　扭力蒸鍋

聲學器
火輪鎚　鼠力機

左页（史　歷　43）

力學器
賽輪　碰聲管　歃器　高升輪　槓杆架
聲浪玻片　打琴　躍力架　稱架　重心板　重心杆　離毘力球　立方鈴瑪
聲光鏡　口琴　天平　翻車人　傳力球　穩行球　躍力框　銅舂　英國法瑪
定音叉　聲光琴　離中弧　離中機　離中車　斜面車　滑車架　瑪瑙臼　地球形圓
聲紋瑚　無聲鈴　定音筒　聲光筒　立方鐵瑪　離中杯　掉力杯　中國法瑪　互轉架　蓄力球
無聲鈴叉　印音輪　聲浪銅片　聲浪玻管　不倒翁　法國法瑪　漏力表　漏力筒　各式滑車

熱學器
自記寒暑表　傳熱球架　鐵球架　射熱筒　旋轉機　奇動輪　斜塔　離毘力球
四質漲力圈　銀鍋　鉑鍋　露玻滴　引熱圈
散熱泥壺　磨力筒　漲力管　吹火　熱聲筒
磨熱管夾板　開花炮　雙球寒暑表　漲力燈　漲力表　引熱震
雙球寒暑表　雪鹽冰球　鞍準寒暑表　散熱銅壺　熱學金類條

图 2-2 《文会馆志》关于实验仪器的书影[1]

　　水学器类是研究流体力学的实验仪器，包括静流体力学（静水学）和动流体力学（动水学）仪器设备。水学实验室是文会馆最早建立的实验室之一，有35 种仪器设备：喷水狗、压水管、压水球、间流泉、无轮水磨、平常水磨、水力上托架、喷水马、提水管、毛孔片、压力筒、奶轻重表、水跃力筒、银淡养轻重表、大水斗、轻重表、毛孔管、压柜、同体水称、巴玛压柜、压力六面球表、搅水龙、密率表、过水瓶、鬼瓶、救火水龙、湍大勒杯、水锤、酒精、虹吸、葫芦瓶、铜浮表、玻浮表、汽船水轮、试水涨球、光铁射水器。

　　其中的密率表是其他物质相对于水的密度比率的一张教学用挂图，酒精也只是教学用物品并不能算实验仪器。间流泉是一种关于气体压强的气学器，被

　　① 王元德，刘玉峰. 文会馆志［M］. 潍县：广文学校印刷所，1913：42-45.

误认为水学器，因此水学器中的实验仪器应该是 32 种。其中的巴玛压柜和水称在西方应用非常广泛，在实验仪器中也属较精密的仪器。水学器中还有一种称为救火水龙的消防车，是一种用汽机做动力的消防设备。在蒸气器中还有水龙汽机，这种当时最为先进的消防车也只在上海的租界和香港才有，然而谁又能想到在偏远的山东登州文会馆的学校实验室里竟已完备了。

气学器类是有关气体压强研究的实验仪器，包括 21 种：吸空球、吸重盘、轻气球、气稀盘、马路水银管、大抽气机、空盒风雨表、积气泉、吸重鞴、气稀瓶、天气球、天气积火筒、水鬼、吸空水银斗、积气筒、空中称、积气瓶、吸气管、哥路第恩球、水银吸气管、间流泉。

其中，轻气球包括氢气球和热气球[①]，但文会馆实验室并没有放飞热气球的相关记录资料，可能是这种热气球比较小，并不是载人的那种大型热气球。风雨表是气学器中的代表性实验仪器，然而实验室中有比较少见的空盒风雨表，却并没有提及最为常见且更为精确的水银风雨表，依据当时的实验要求看，离开了水银风雨表研究大气压问题几乎是不可能的。《文会馆志》中说的"兹撮其要列左"[②]，并不仅是一句谦虚的话，书中有关实验仪器的记录并不全面。

蒸气器类是文会馆实验室中研究蒸汽机动力的实验设备，包括 18 种实验仪器：火轮锤、升降锅、春矿机、摆动汽机、扭力蒸锅、暗轮、瓦德汽机剖面、鼠力机、汽机锯、火轮车、水龙汽机、汽机共 5 种、横机及轮车汽机剖面。

其中汽机包含了瓦特改进蒸汽机之前的 5 种类型：希罗汽机、高氏汽机、吴氏汽机、塞氏汽机和牛氏汽机。该实验室还有火轮车模型。1879 年 5 月至 1881 年 1 月，狄考文夫妇第一次回美国度假。[③]在这一次休假中，他在鲍德温机车工厂经特别允准，待了一段时间研究机车构造，目的是要制作一个模型在休假结束后带回中国。[③]另有蒸汽船所用的暗轮，也即螺旋桨。文会馆实验室

---

①　法国人蒙特哥菲尔两兄弟于 1783 年 11 月 21 日发明热气球。

②　王元德，刘玉峰. 文会馆志 [M]. 潍县：广文学校印刷所，1913：41.

③　费丹尼. 一位在中国山东四十五年的传教士——狄考文 [M]. 郭大松，崔华杰，译. 北京：中国文史出版社，2009.

既有暗轮又有明轮。水学器中提到的汽船水轮即是明轮。华蘅芳设计建造的中国第一艘蒸汽机轮船——黄鹄号使用的也是明轮。

声学器类共有 18 种，大多为比较常见的实验仪器：赛轮、独弦琴、声光镜、定音义（仪）、声纹斛、无声铃义（仪）、空盒定音义（仪）、打琴、口琴、声光筒、无声铃、印音轮、碍声管、声浪玻片、声浪玻管、大助声筒、大声浪机、声浪铜片。

无声铃仪和定音仪仍然被现代中学物理实验中广泛应用，定音仪现在称为音叉。印音轮则是早期研究录音原理的设备。路思义 1907 年从美国募款归来，还带回来一架留声机和一叠"古典和流行兼具"的唱片。[①]

力学器类是关于力学实验的仪器设备，包括：杠杆架、双尖劈、天平、离中弧、玛瑙臼、不倒翁、高升轮、跃力架、翻车人、离中机、离中杯、立方铁玛（码）、欹器、秤架、传力球、离中车、摔力杯、法国法玛（砝码）、斜塔、重心板、稳行球、斜面车、滑车架、中国法玛（砝码）、奇动轮、重心杆、跃力框、钢舂、互转架、蓄力球、旋转机、离毗力球、立方铅玛（码）、英国法玛（砝码）、地球形圆、各式滑车。

力学器的确切种类并不是很明确，需要进一步考证，以滑车（滑轮）为例，只提到了滑车架和各式滑车，至于究竟有多少种滑车，并没有详细说明，但从文会馆早期物理教材《格物入门》的力学卷看，"各式滑车"[②]不少于 4 种，分别是死滑车（定滑轮）、活滑车（动滑轮）、滑车相连（滑轮组）、有凹槽的滑车组（应用型滑轮组）。迦诺在《初等物理学》第 14 版中也有相近的说明，力学器应该不少于 39 种，其中包括精密度极高的天平，仅砝码就有 5 种。

热学器类有 26 种：射热筒、零玻滴、引熟圜、吹火、引热囊、雪盐冰球、铁球架、铂锅、涨力义（仪）、热声筒、涨力表、较准寒暑表、传热表、银锅、磨力管、开花炮、涨力灯、散热铜壶、自记寒暑表、四质涨力圜、散热泥壶、磨热管夹板、双球寒暑表、热学金类条、试涨力铁球与圜、傅兰林胍表球。

---

① 葛思德. 勇往直前：路思义的心灵世界［M］. 甘耀嘉，译. 台北：雅歌出版社，1999：118.

② 丁韪良. 格物入门：力学卷［M］. 北京：京师同文馆，1868.

其中涨力表和传热表是表征物质受热膨胀系数和传热能力的挂图，不应属于实验仪器之列，所以热学器应为 24 种。热学器中研究物体受热膨胀的仪器有四种：涨力仪、涨力灯、四质涨力圈和试涨力铁球与圈。寒暑表（温度计）也有三种：较准寒暑表、自记寒暑表和双球寒暑表。

光学器类至少有 62 种：极光镜、映画镜、双凸镜、隔光帘、折光池、旋转机画、手转机画、凸镜、显微镜、平行镜、照面镜、棱光窗、光表探、新万花筒、显微镜画、凹镜、活角镜、绘画镜、间色镜、三棱瓶、竖电池、直角三棱、极光镜表、光表、万花筒、钝角镜、牛顿镜、肥皂圈、折光表、爱斯兰石、比路斯得、光原、活画轮、奇妙灯、轻养灯、差角表、凑巧画、显微镜槽、量直角镜、光窗、尖锥镜、铂绒灯、分影镜一、分影镜二、返光镜、三棱玻璃、返光凹镜、胍镜、存光板、七色轮、留光管、黑方镜、双凹镜、返光凸镜、直角三棱镜、千里镜、双远镜、然根光诸器、试流质折光器、大直角返光镜等。

光学器的数量仅次于文会馆实验室中的电学器，一些精密度很高的仪器如显微镜、千里镜（望远镜）、双远镜（双筒望远镜）等应有尽有，还有研究偏振光的极光镜，以及当时研究 X 射线的然根光诸器，都是当时学校物理实验室中最为先进的实验仪器。目录中两次提到双凸镜，其中一个应为双凹镜，应属于记录时出现的笔误。

天文器类包括仪器和实验室挂图：远镜（径十寸）、天球、天文指表、章动轮、章动表、经纬仪、纪限仪、行星绕日表、恒星表等。其中经纬仪和纪限仪也属于光学仪器。

磁学器类列举了 15 种仪器设备：磁铁、磁秤、磁鱼、指南针、水上磁针、量地罗镜、磁末小盘、磁转电流、侧针、钢屑、铁末、地磁环、磁感电流、磁针、航海罗镜。

其中铁末、钢屑是实验材料，不应列入实验仪器之中，所以磁学器有 13 种仪器。其中的磁转电流和磁感电流都指的是产生这两种电流的设备仪器，地磁环是指模拟产生地磁环的仪器。

电学实验室是文会馆最大的实验室，具体包括干电、湿电和副电三部分。

"电分两种，由干而生者" 称为干电，"由湿而生者" 称为湿电。[①]

干电部分包括 64 种仪器：电转、电囊、电铃、电日月、吸驱球、量电瓶、雷盾电瓶、侯氏电机、电炮、电瓶、电网、电酒杯、电跌船、电火蛇、电跃水杯、葛利电机架、铀杯、电准、电毛、金页表、电飞毛、虚无筒、正弦电表、做水银屑瓶、电球、电星、电砂、电打鹊、电空球、电鸿钟、电舞人架、活雷盾瓶、电蛋、电龙、电台、电蜘蛛、电皮球、电火字、花雷盾瓶、穰球、电穗、文暑德干电机、琥珀、跳舞盘、电秋千、电舞人、电劈物机、北方晓全具、电称、电堆、电灯、电锡盘、放电义（仪）、电尖堆、无极电表、亨利放电架、电搬、电盒、电鹅、扭力表、象限表、隔电机、否司电机、范克林电页。

湿电部分包括 40 种仪器：磁电、荣灯、铂灯、颠倒管、德律风、极里雷、但氏电池、罗环、电轮、里雷、埋革风、火药电气芯子、电报响、力电机、银电链、磁电震人机、电钥、电缆、电表、立电表、家电报、热电表、空铃电盖、傅德电堆、电称、阻箱、电池、原电表、分水杯、热电堆、无极电表、马斯收信机、电扇、电线、电炮、安培表、佛耳表、干电池、正切电表、佛耳达电堆。

湿电仪器中仅电表就有 5 种，电池也有 6 种，其中的佛耳达电堆就是著名的伏打电堆。而干电仪器中也有电堆、正弦电表和无极电表，说明干电和湿电仪器已没有起初的界限了。

副电部分主要是研究电和磁的相互关系的实验仪器，包括 22 种仪器：流感磁、磁感流、电磁铃、副电池、地磁感副统环、木头耳、流感流、副电盘、副电机、副电轮、地磁转电流器、代拿木、叟罗那、磁感流玻筒、磁转电流机、电弧灯、棱考夫副螺筒、马掌磁、磁涨表、静副电盘、电流转磁件、射影灯。

流感磁和磁感流分别是电流感应产生磁场和磁场感应产生电场的仪器，还有流感流指的是电流产生感生电流的仪器。将副电这一部分单独列出，可见文会馆对电磁技术的重视。值得一提的是射影灯，本来是属于光学仪器的，在《光学揭要》中也有非常详细的介绍，但之前所说的射影灯是以煤气灯为光源的，这里将射影灯归入电器类说明其光源变为电灯了。

---

① 丁韪良．格物入门：电学卷［M］．北京：京师同文馆，1868．

　　文会馆实验室中至少有仪器种类 359 种，另有 5 种实验挂图和一些实验物品，仅电学部分就有 124 种实验仪器。如此庞大的物理实验室，经历了近半个世纪的发展，有着自己独特的发展脉络和特点。

四、登州文会馆的物理实验室的特点

　　首先，文会馆物理实验室是经过几十年的连续建设逐步形成的，同时又是不断发展更新的。实验室的建立和发展是在狄考文、赫士、伯尔根等人共同努力下完成并逐渐完善的。狄考文是按照文会馆最初使用的教科书《格物入门》给实验室分类的。随着赫士将教材改为《初等物理学》，他和伯尔根又发展了热学实验室、声学实验室和光学实验室，但电学实验还是保持原样，分干电、湿电、电报三部分，后来将电报部分改为副电实验室。实验室的不少设备是他们自制的，水学部分仪器的材质还有很多是用竹子的。有的仪器有明显的更新换代的迹象，如前文提到的射影灯，就是由光学器更新为现代意义上的幻灯机的。

　　其次，文会馆物理实验室的仪器完全可以满足学校物理教学的学生实验和演示实验要求。如水学器、气学器和力学器仪器可以做水的压强与浮力实验、大气压的实验、力学的力和物体质量的测量实验以及简单机械实验，蒸气器仪器可以做较复杂的机械传动实验。光学器仪器与教材《光学揭要》相结合，可以做光的反射、折射、透镜成像等一系列实验，甚至还有非常先进的显微镜和专用的显微镜画、较大口径的望远镜，能做较复杂的偏振光实验。声学、热学类仪器有研究声音频率的赛轮、研究录音原理的印音轮，还有研究声热技术的声热筒，是与《声学揭要》和《热学揭要》的教学相配套的。电学实验室测电流、测电压、测电阻等实验用电表一应俱全，电和磁的相互转化实验仪器也很全，甚至还教授全套的电报技术，这些在当时都是非常先进的。

　　再有，文会馆物理实验室与教学内容紧密结合。学校实验室的根本目的还是服务于教学，文会馆师生在长期的教学实践中，还设计出很多仪器简单、现象明显的实验。如光学实验中的微质漫反射实验。"玻璃杯底衬黑绒"，灯光射入时由于黑色返光很少，所以杯子黑暗"如故"，当杯子内"燃有纸烟"则"较明"，其原因是"微点有返光之能"。这个实验设计得很巧妙，用的实验器材不多，而且释放烟雾前后的明暗对比明显，更便于学生接受和理解。

最后，文会馆实验教学寓教于乐，注重培养学生的学习兴趣。狄考文将复杂、严肃的物理实验"用介于演示和娱乐的方式"展现出来。狄考文的继室夫人艾达讲述过狄考文在潍县广文大学教授的一堂物理实验课（图2-3）：我们坐在学院一间遮蔽得很黑的屋子里，注视着长串的火花，弯弯曲曲地穿过五颜六色的光圈，一位半身照亮的高个子（狄考文），长者白胡子，穿一身黑色长袍看上去就像一位老魔法师，唤起了在场的人们的兴致。接下来，他用X射线展示了我们每个人双手的骨骼。[①]这样的实验课总是让人记忆深刻。

图2-3　学生在做物理实验[②]

五、小结

总之，文会馆在四十多年的发展历程中，逐渐建立起一整套完善的教材和实验的物理教学体系，为发展和人才培养奠定了坚实的物质基础。狄考文建立文会馆的目的是培养为教会服务的教牧人员，但客观上却培养了一批优秀的科技人才，虽然人数不多，却影响甚广。1898年，京师大学堂一次性聘任登州文会馆的12位毕业生担任教习，整个京师大学堂的西学教习，只有一名不是登州

---

① 费丹尼. 一位在中国山东四十五年的传教士——狄考文［M］. 郭大松，崔华杰，译. 北京：中国文史出版社，2009.

② 韩同文. 广文校谱［M］. 青岛：青岛师专印刷厂，1993.

文会馆的毕业生。[①]随后，各地争聘文会馆毕业生为教习。截至1904年，文会馆毕业生"踪迹所至，遍十六行省。"[②]文会馆取得这样骄人的成绩，主要还是得益于严格的教学管理和先进的教学仪器。

第二节　登州文会馆的创建者——狄考文

文会馆物理实验室发展主要有三个发展阶段。这三个发展阶段又分别对应着三位重要人物：狄考文、赫士和路思义。对这三个人物的研究将有助于全面了解文会馆物理实验室的发展历程。

关于狄考文的研究论文、书籍非常之多，1911年就有英文版《狄考文传记》出版，2009年被翻译成中文并出版。因此，本文不再对狄考文本人做详细讲述，只做简介，并附有《通问报》关于狄考文去世的讣告，以及《文会馆志》关于狄考文的传略。

一、狄考文的生平及贡献

狄考文（Calvin Wilson Mateer，1836—1908），出生在美国宾夕法尼亚坎伯兰山谷地区。狄考文共有兄弟姐妹七人，他在家中居长。他们的父亲是美国基督教北长老会的长老。受父亲影响，狄考文很小就成为虔诚的基督徒。狄考文在校读书期间，学习成绩非常优秀。大学毕业后，他曾兴办过一所学校，但是最终还是选择进入神学院继续学习，并在此期间立下了远赴海外传布福音的理想。

1863年年底，狄考文受美国北长老会派遣，携新婚妻子狄邦就烈（Julia Brown，1837—1898）来到中国上海（图2-4）。他在出发前，曾发愿："我决意

---

①　MATEER R M. Character-Building in China: The Life-Story of Julia Brown Mateer.［M］. New York: Fleming H. Revell Company, 1912: 61-62.

②　费丹尼. 一位在中国山东四十五年的传教士——狄考文［M］. 郭大松，崔华杰，译. 北京：中国文史出版社, 2009.

将自己的一生献给中国，我期望住在中国，死在中国，葬在中国。"①1864 年 1 月，他来到登州传教，并开始兴办学堂。狄考文首先兴办了一所男童学校，招收了六名学生。后来学堂在狄考文和妻子狄邦就烈的努力下不断发展，并于 1876 年改称文会馆，1884 年被美国北长老会认定为大学。狄考文成功地将从小学到大学的现代学校教育体系移植到了中国；亲自或督率他人编写了一系列现代各级学校用教科书，如《笔算数学》《代数备旨》《形学备旨》等教科书，供文会馆和清末大批教会学校及中国官办学校使用。狄考文设法购置和制作了大量现代中、高等教育所必需的各种实验设备。他还坚持用中文教学，要求学生在学校过艰苦的生活，以便培养适应中国生活、为中国人服务、引领中国进步的人才。②

图 2-4　狄考文及其夫人狄邦就烈 ③

狄考文还为山东本地的经济发展做出贡献，并提供技术支持。他为驻地及附近百姓和熟悉的商人设计制造或联系购置煤球机、麻绳机、织麻袋机、打谷去壳机、磨麦粉机、滚轴熨烫机、抽水机、精纺针织机器等，谋求提高社会生产力、改善民众生活。他还坚信中国语言完全能够解释和宣传西方的科学，费尽心力会通中西，编订出版《官话类编》（*A Course of Mandarin Lessons Based*

　　① 费丹尼. 一位在中国山东四十五年的传教士——狄考文 [M]. 郭大松，崔华杰，译. 北京：中国文史出版社，2009.

　　② 郭大松. 中国第一所大学——登州文会馆 [M]. 济南：山东人民出版社，2012：227.

　　③ FISHER D W. Calvin Wilson Mateer：Forty-Five Years a Missionary in Shantung, China [M]，Philadelphia：Westminster Press，1911.

on Idiom），帮助来华西方人学习中文，是当时外国人学习汉语和传教必备之书。狄考文主持修订官话和合本圣经，用普通民众能够听得懂的语言即白话印刷发行，[①]这些都为中国与世界先进文明接轨做出了贡献。

狄考文于 1908 年因痢疾逝世于青岛。他在华时间长达 45 年。在狄考文葬礼上，宣读了登州文会馆毕业生的统计数字，包括在潍县广文学堂毕业的学生。具体情形为：获得毕业文凭者共计 205 名。其中，在官办学校做教师的 38 名，在教会学校做教师的 68 名，教会牧师 17 名，福音布道师 16 名，从事翻译工作者及报刊主笔 10 名，经营商业者 9 名，医生 7 名，邮局职业者 4 名，铁路职员 2 名，基督教男青年会干事 2 名，海关职员 1 名，工程局职员 2 名，秘书 1 名，在各自家乡任职 6 名，亡故 22 名。[②]这些毕业生分布于 13 个教派，100 所学校，遍布中国 16 行省。另外，还有约 200 多名在登州文会馆学习的学生没有取得毕业文凭，为肄业生。[③]

二、对狄考文的悼念

狄考文逝世不久，文会馆的继任者赫士博士对包括广文学堂学生在内的全体参加追思仪式的听众作了一次长篇演讲：

让我们努力效法他的优秀精神品质，成为一个像他一样的人。他的这些优秀精神品质，概括说来：首先，是他的信仰。在他去世的那天上午回答他弟弟的询问时，他说："很久以前我已经把这些事情交给了圣父。"稍后，就在他去世前的几个小时，他说，仿佛是自言自语，"我们因主耶稣称义"。因有这样的信仰，他像在妈妈怀抱里的婴儿一样睡去，一点都不奇怪。其次是他的虔敬精神。虽然他并不敬畏人，在他确信的问题上直言无讳，尤其是在晚年，然而，正像在翻译委员会为他服务的人一开始所说的，在接近独一存在时，他是怀着

① 郭大松. 中国第一所大学——登州文会馆［M］. 济南：山东人民出版社，2012：227.

② 这里列出的毕业生统计数字及职业分布与《文会馆志》给出的同样是 1910 年的调查统计稍有不同。《文会馆志》统计毕业生领有文凭者总数为 208 名。

③ 费丹尼. 一位在中国山东四十五年的传教士——狄考文［M］. 郭大松，崔华杰，译. 北京：中国文史出版社，2009：158.

敬畏之心的，所有人都看得出来。直到临终前，也一直如此。他临终前的最后一句话是“圣哉！圣哉！圣哉！真实而伟大”。[①]

狄考文的学生们也集体给他做了悼词，发表在《通问报》上。

狄考文夫子悼词：维光绪三十四年九月初四日，前任广文学堂馆主，美国长老会收师狄老夫子，印考文，字光东，寿终于青岛客寓。越五日，受业生徒全体二百余人，合议开追悼会于潍阳广文学堂，撰述悼文以伸悲忱。呜呼！天道不明，实学久废，中国近今之险局，亦后世之大患也。而悲天悯人，般般焉以发明天道，振兴实学为急务者，其惟我光东夫子有焉。

光东夫子，美国片司弗捏省人也，同治二年来华，四十余年于兹矣。其生平历史，缙绅先生多有能道之者，兹不俱述，仅述其大者二端。吾国当四十年前，崇老尊佛，竟入多神之教，创天造地，谁识无二之主？多奉此一种鬼魔，即多陷此一层罪孽。我夫子体彼苍好生之德，存救主济堂之规模，渐加扩张，翻数学，译代数，订形学，口授物理，学堂之课程，于以完备。臬比设蓬瀛，木铎振齐鲁，而从学者自此日众。

夫吉人天相，仁者必寿，古今之通论也。窃喜我夫子，身体康强，庶享彭祖之寿，旧约再得译成，不遗余憾，后生辈起，咸获亲炙，孰料一病不起，多孔仲尼之绝笔不过年一年，踰梭格底之捐世。仅及二载，帝侧之宝座久设，而我夫子竟忽焉天上人矣，嗟乎！泰山其颓矣，哲人其萎矣。在夫子天堂逍遥，永生洵乐，在吾辈人世睽隔，永别堪悲，攀龙髯而末由。眼穿芝罘，附箕尾而莫逮，泪洒潍阳，呜呼噫嘻！

山东广文学堂同人志

三、小结

狄考文是一位杰出的教育家和优秀的管理者。他在没有校舍，没有教科书，语言不通的情况下，与妻子狄邦就烈建起了一所大学。他们依靠自己的智慧和

① 费丹尼．一位在中国山东四十五年的传教士——狄考文［M］．郭大松，崔华杰，译．北京：中国文史出版社，2009：227-228.

坚强的信念，自己编撰教科书，自己动手制作大部分教学仪器设备。在他们的努力下，学校越办越好，学生也不断增加。狄考文历经三十五年坚韧劳作，满意地看到他所创办的学校被公认为亚洲最好的学校之一。狄考文不仅是一位著名的教育家，而且是一位著名的作家和翻译家。[①] 1895 年，狄考文从校长（监督）的岗位上退下来之后，几乎全身心地投入到了文字工作上，编纂了许多教科书和其他中文书籍，直至因病去世。狄考文一生也获得很多荣誉：1880 年，获汉诺威学院荣誉神学博士学位。1888 年，获伍士德学院荣誉法学博士学位。1890 年，基督教来华传教士第二次全国代表大会推选他为"中华教育会"首任会长。1903 年，获华盛顿大学和杰斐逊学院荣誉法学博士学位。

第三节　一位在华 62 年的美国传教士——赫士

赫士是 1882 年来华的美国传教士。在华期间，赫士翻译和编写了大量科学和宗教书籍，为西方科学在中国的传播做出了贡献。赫士创办了山东第一份中文报纸——《山东时报》。1901 年，创建中国第一家省级大学堂——山东大学堂。1919 年，创建华北地区最具影响力的神学院——华北神学院。赫士在华 62 载，直至 87 岁高龄在日本人设置在潍县的乐道院集中营去世。赫士一生致力于中国的教育和信仰事业，著述颇丰，涉及领域非常广泛。他在登州文会馆教授天文学、地质学、物理学、理财学和算学达 18 年之久。他还编译出版了一批早期大学理科教材，培养了一批早期的教育师资力量，对中国近代教育和社会发展做出了贡献。

一、赫士简介

赫士（Watson McMillan Hayes, 1857—1944）（图 2-5），1857 年 11 月 23 日出生于美国宾夕法尼亚州默瑟县一个农民家庭。8 岁时，父亲在美国南北战

---

① 费丹尼. 一位在中国山东四十五年的传教士——狄考文 [M]. 郭大松，崔华杰，译. 北京：中国文史出版社，2009.

争中战死沙场，他由母亲和姨母抚养成人。赫士自幼聪颖好学，14 岁进入本地小学，只上了 1 年即升入当地的威斯敏斯特中学，学习代数、拉丁文和希腊文。2 年后中学毕业。家中兄弟二人同时考上了大学，但因家境贫寒，兄弟两人只能通过抽签让一人上大学，最后赫士中签进入威斯敏斯特大学。在大学的 4 年里，赫士努力学习拉丁文、希腊文、是非学（逻辑学）以及理化诸科，毕业时获初级学士文凭。[①] 1879 年，他就读于匹兹堡神学院，师从著名神学教育家本杰明·布雷肯里奇·华菲德三年后毕业得教士毕业文凭。跟随华菲德的 3 年对他产生了巨大影响，使他成长为一名坚定的守旧派长老会会员。1882 年 8 月 15 日，赫士受按立为牧师，同年 11 月受美国北长老会派遣，偕新婚妻子赫美吉到达山东登州，开始了他为之奋斗一生的科学教育和传教事业。[②]

图 2-5　晚年工作中的赫士 [③]

　　赫士是被美国北长老会派到登州文会馆协助狄考文工作的。在此期间，赫士一直努力学习中文，并协助狄考文开展教育和传教事业。赫士在文会馆教授天文学、物理学、化学、地质学、理财学和算学达 18 年之久。他翻译了许多西方科技书籍，编辑出版了一批大学教材。1892 年起，他任广学会书记、会长各 3 年，参与了统一化学名词的工作，即广学会出版的《协定化学名目》，声闻日

①　赵曰北. 历史光影中的华北神学院［M］. 香港：中国国际文化出版社，2015：16.
②　赵曰北. 历史光影中的华北神学院［M］. 香港：中国国际文化出版社，2015：14.
③　图片由加拿大毛大龙（A. Donald MacLeod）教授提供。

彰，被母校威斯敏斯特大学授予荣誉神学博士学位。1895 年，赫士接替狄考文任文会馆监督，创办《山东时报》。[①]

1901 年，在袁世凯的支持下，赫士携登州文会馆师资，沿用文会馆办学的方法，创办了山东大学堂，并出任西学总教习。1902 年，赫士离开山东大学堂。受袁世凯之邀，赴北京授课。1904 年，他离开北京，先后在芝罘、潍阳和青州等地担任神学教习，其间曾短暂回国。1917 年，齐鲁大学在济南成立，赫士担任神学院院长，1919 年，赫士离开齐鲁大学，在潍县创建山东神学院，并任院长。1922 年，赫士将山东神学院迁移到滕县北关，始称华北神学院。太平洋战争爆发后，年迈的赫士夫妇被日军关押在潍县集中营，生活非常艰苦。1944 年4 月 2 日，赫士在潍县日军集中营病逝。

二、登州文会馆时期

1882 年，赫士被美国北长老会派到登州文会馆工作。他"首充本馆教习，富有思力，足于智谋，博学强识，狄公依之如左右手"[②]。赫士精通现代自然科学，从美国出发时携带有大批良好的物理和化学仪器设备，以及一架很好的望远镜。赫士在登州文会馆刊印了中国早期的全面、系统的自然科学课程，先后翻译和创作了《对数表》《声学揭要》《热学揭要》《光学揭要》《天文初阶》《天文揭要》等近代科技教材，许多内容开中国近代科技教育之先河。其中的《光学揭要》可以称作真正具有现代意义上的光学教科书。《光学揭要》还是我国最早介绍 X 射线的书籍，并将 X 射线命名为"然根光"。"然根"为 Rontgen（伦琴）之译音，而"然根光"为 X 射线的第二个中文译名。[③]《光学揭要》含有大量插图和实验，有很多实验和插图，现代的物理教科书仍在使用。邹振环将此书列入了《影响中国近代社会的一百种译作》[④]。

---

① 王元德，刘玉峰. 文会馆志［M］. 潍县：广文学堂印刷所，1913：18.

② 王元德，刘玉峰. 文会馆志［M］. 潍县：广文学堂印刷所，1913：50.

③ 李迪，徐义保. 第一本中译 X 射线著作——《通物电光》[J]. 科学技术与辩证法，2002，6（19）：76.

④ 邹振环. 影响中国近代社会的一百种译作［M］. 北京：中国对外翻译出版社，2008：110.

《光学揭要》《声学揭要》和《热学揭要》所据底本为《初等物理学》英译本第 14 版，但中文译本是译者结合自己多年教学经验对原著做了增补和删减写成的。这也使得这 3 本书不但内容翔实、便于教学，还具有了当时其他一些物理学译作不同的特点。

赫士一生对天文学充满浓厚兴趣，每到一地都会建造一个日晷，并安装天文望远镜，随时观察天象。在学校中，他开设的天文学课程，教学内容和方式都很前沿，引发学生极大的兴趣。除《天文揭要》《天文初阶》外，他还编译了《天文新编》《天文入门》等教材。

狄考文和赫士在文会馆为中国现代教育培养了一批师资力量。当时，文会馆拥有"中国最多和最好的物理、化学仪器设备"，与同时代的"美国普通大学一样好"[①]。曾先后担任京师同文馆、京师大学堂总教习的丁韪良（William Alexander Parsons Martin，1827—1916），盛赞文会馆为"伟大的山东灯塔"，认为"中国任何高等学校都没有像狄考文博士创建的登州文会馆那样进行完全的科学教育"。1898 年，丁韪良任京师大学堂总教习，即一次性聘任登州文会馆的毕业生 12 人（目前确定姓名的有 8 位）担任教习，整个京师大学堂的西学教习，"只有一名"不是登州文会馆的毕业生[②]。义和团运动之后，各地官衙争聘文会馆毕业学生为教习。一时间，毕业生供不应求。截至 1904 年，全国 16 个省份的学堂中都有文会馆毕业生担任西学教习。"领有毕业凭照，效力于教界、学界者，以三百数，踪迹所至，遍十六行省"[③]。北至东北，南达云南。当时除贵州外，全国各省的综合大学堂和各地的格致院、武备、师范、法政、农业等专业学堂以及中、小学堂共 200 多所学校来聘。因各省所需师资太多，后来连文会馆肄业生也被聘去。仅就大学师资一项，除了京师大学堂与山东大学堂之外，在圣约翰大学、南洋公学、震旦大学、燕京大学、山西大学堂、金陵大学、

①　费丹尼. 一位在中国山东四十五年的传教士——狄考文［M］. 郭大松，崔华杰，译. 北京：中国文史出版社，2009：144.

②　MATEER R M，Character-Building in China：The Life-Story of Julia Brown Mateer［M］. New York，1912：62.

③　费丹尼. 一位在中国山东四十五年的传教士——狄考文［M］. 郭大松，崔华杰，译. 北京：中国文史出版社，2009：158.

江南高等学堂、两江师范学堂、浙江高等学堂、之江大学、雅礼大学、河南高等学堂、云南优级师范学堂等全国各地的多所高校，均有文会馆毕业生在其中任教。

赫士建立了山东乡村邮政系统，创办了山东最早的中文报纸。赫士担任文会馆监督之后，着手建立山东乡村邮政系统。早期的邮件极少，邮局经费不能自给。县邮局仅两人，待遇很低（教会曾给予补助），教会动员文会馆、文华馆及广文大学学生去邮局任职。

1895 年前后，赫士利用美华印书馆赠送的印刷机，创办了山东最早的报纸《山东时报》。文会馆毕业生孙炳文任总编辑。办报初期主要是报道山东各地的教会发展情况，同时宣传教会福音等。1898 年之后，《山东时报》集中报道义和团与教会之间的矛盾冲突，是研究山东基督教教会学校、教会发展以及义和团运动的重要史料。

三、创办山东大学堂

义和团运动之后，清廷实行变法。光绪二十七年（1901）八月，光绪皇帝正式下令全国各地书院分别改为大中小学堂。在清廷教育改革的大背景之下，当时的山东巡抚袁世凯奏请开办山东大学堂，并聘请赫士为总教习。袁世凯在给清廷的奏章 [①] 中写道：

课士之道，师范最难。方今风气尚未大开，兼通中西学问之人，殊不多觏，而已译各种西书，泛杂鲜要。学者任便涉猎，既难望其能自得师，且各种西学，有非身亲其境，不能考验得实者，必须延聘洋人，为之师长以作先路之导。但各国洋人，类多骄蹇不受钤制。惟美国人心地和平，其在华年久者，往往自立学会，传授生徒，多冀中国之振兴。现由臣访订美国人赫士派充大学堂总教习，该洋人品行端正，学术淹通。曾在登州办理文会馆多年，物望素孚，实勘胜任。

---

① 袁世凯. 订美国人赫士充大学堂总教习片［M］. 廖一中，罗真荣. 袁世凯奏议. 天津：天津古籍出版社，1987：340.

可见袁世凯是对赫士创办山东大学堂寄予厚望的。事实证明，袁世凯并没有选错人。1911年旧历九月份，赫士率领文会馆教习张丰年、刘永锡、王锡恩、仲伟仪、刘光照、王执中、姜渔渭、刘玉峰、周文远、李光鼎、罗绳引，并挑选文会馆毕业的学生冯志谦、郭中印、连志舵、李星奎、王振祥、郭风翰、赵策安、张正道等人，还有赫士夫人、富知弥及美籍教习文约翰、维礼美森，包括赫士本人共22人，沿用登州文会馆办学的方法、条规，采用文会馆的课本、教材及教学仪器设备，参照文会馆办学的各项经费开支编制预算，历时仅月余，便于当年旧历十月份，在原济南泺源书院（现山东省统计局院内）正式开学。中国第一所省办大学堂宣告成立[①]受到慈禧太后的嘉奖，清廷谕令全国"通行各省，立即仿照举办，毋许宕延"[②]。

山东大学第一任校长，曾经被认为是唐绍仪，而《山东大学百年史》认为是周学熙。周学熙是山东候补道员，山东大学堂首任总办，[③]而实际上真正管理学校的是赫士（图2-6）。证明材料可见，赫士受邀接任山东大学堂总教习时，"曾经升任袁抚与之订立合同十条，载明应听巡抚节制"，"此项合同"由赫士"亲笔签字"。[④]直接与山东巡抚签订合同、只听巡抚节制，这绝不是一个学校教务长的待遇。由此可见赫士在学校管理层中的地位之高。另外，赫士还享有山东大学堂的绝对人事权。即使当时在山东享有特权的德国领事馆推荐的德语教习，也要经赫士批准。山东大学堂成立之初，德国驻济梁领事致函山东巡抚推荐德人费里斯出任德语教习，"至费里斯之学问人品是否堪充教习，即由贵总教习照章查明，秉公遴荐可也"；然而"原禀交赫总教习阅看"后，赫士并不同意这位德语教习，这位巡抚大人只能以"欲在上海选聘"和"经费支绌"为由，予以婉拒。[⑤]而当赫士离开山东大学堂之后，这位费里斯很快就成了学校

---

①　韩同文，编著. 广文校谱［M］. 青岛师专印刷厂. 1993：20–21.

②　璩鑫圭，唐良炎. 谕政务处将袁世凯所奏山东学堂事宜及试办章程通行各省仿照举办［M］. 中国近代教育史资料汇编（学制演变）. 上海：上海教育出版社，2006：8.

③　崔华杰. 登州文会馆与山东大学堂学缘述论［J］. 山东大学学报（哲学社会科学版）2013，2：126–131.

④　筹笔偶存：义和团史料［M］. 北京：中国社会科学出版社，1983：646.

⑤　筹笔偶存：义和团史料［M］. 北京：中国社会科学出版社，1983：653–655.

的西学教习。至于总教习的称谓,大概是沿袭了京师大学堂的做法,当时的丁韪良也是被称为总教习。

图 2-6　赫士与山东大学堂西学教习合影^①(居中者是赫士)

赫士在任时,订立章程,整肃校风,为使学生能更好地掌握西方先进的科学技术,编辑了《西学要领》,内容包括西方各国史学、哲学名人的格言和声、光、电、化知识。并在山东大学堂全面实行星期天休假制度,开当时官办学校风气之先。然而随着袁世凯的离任,新任巡抚与赫士之间,因为学生是否必须跪拜孔子和皇帝牌位的事情上,起了不可调和的矛盾。这位巡抚大人认为"海总教习遇事存有意见,不易受商",对这位前任聘请的总教习忍让有加"以顾大体",赫士却坚持自己的信仰"非真神不跪拜"。这对于"以崇圣尊王为重"的新任巡抚来说是无法容忍的:"其于国家典章制度何!是又于恪守国宪有碍也。"^②又如:"这位新巡抚让这所新建立的大学按他的意图教学,赫士感到应该谨慎地放弃自己的职务。"^③ 1902 年,赫士辞去山东大学堂总教习职务。赫士因为创办山东大学堂得到清廷褒奖,并受命为清廷制定全国的教育规划及规章制度,其中包括休假制度。

礼拜天休假始于赫士的提议。中国古代即有休假制度,但大多是官员的休假。唐、宋时期,实行"旬假制度",即一旬(10 天)休息一日。元代规定全

---

① 图片由济南大学泉城学院(现在蓬莱)登州文会馆纪念馆蔡志书提供。

② 崔华杰. 登州文会馆与山东大学堂学缘述论 [J]. 山东大学学报(哲学社会科学版),2013(2):129.

③ 筹笔偶存:义和团史料 [M]. 北京:中国社会科学出版社,1983:653-655.

年只有 16 天节庆假日。到了明、清两代，"旬假"制逐渐削减甚至取消，全年只保留 3 个假期，即春节、冬至及皇帝的生辰。1902 年前后，赫士利用在紫禁城内授课的机会，将每 7 天休息 1 天的提案放在慈禧太后要看的奏折中，阐述了中国要有自己的假期，并得到了认可，最终作为一项制度在全国推广。多年以后，赫士的孙女在回忆录 *Inheriting China*（图 2-7）中指出，建立休假制度是令赫士特别骄傲的一件事情。

图 2-7　*Inheriting China* 书影

四、创建华北神学院

1917 年，齐鲁大学迁至济南，赫士任神学院院长。1919 年，由于学校内部对待自由主义神学思潮的问题上分歧严重，他辞职离开齐鲁大学，并着手创建华北神学院。后来赫士回忆说："华北神学院，创始于一九一九年秋，彼年因与齐鲁神科管理及道旨意见不同，长老会学员情愿退出，教员亦分离，同到潍县，另立神学……1922 年秋，因交通便利，并愿与美南长老会合组一道旨纯正信仰坚固之神学，即迁至滕县。"[①] 新学校的学制从 3 年扩展到 4 年，因此最初的毕业班都很小，1924 年 1 月仅仅有 1 名毕业生。赫士还是满怀热情地描述自己在滕县最初建校的那两年："学生在学业和在城市以及附近乡村的福音传道工作中都表现出少有的热情，因此总的来说笔者觉得那是在 23 年中最令人满意的学期。"此后六七年的时间里，在赫士的领导下，神学院的各项事务进展很快，不久就成为华北地区最有影响的保守派神学院。

尽管年事已高，但长期以来，赫士坚持给学员上课。他所主讲的"教义神学"是华北神学院二至四年级的主要课程。1930 年 4 月，他出版了《教义神学》，作为神学院的教科书。除赫士以外，长期在神学院工作的外籍教师还有道雅伯

---

① 　山东滕县华北神学院. 华北神学院年刊［M］. 华北神学院，1930.

（Albert Dodd）、卜德生（Craig Patterson）、何赓诗（Martin Hopkins）、毛克礼（Alexander MacLeod）等，他们都是学有专长的学者。道雅伯 1902 年毕业于普林斯顿神学院，具有博士学位，是当时国内为数不多的希伯来语教授。何赓诗早年也毕业于普林斯顿大学。毛克礼应赫士邀请到神学院上课时，已获得 4 个学位，其中两个是在普林斯顿神学院获得的。同时，赫士还经常聘请国内外著名学者来院讲演，开展学术交流活动。神学院人才济济、硕果频出，副院长贾玉铭是正统基督教保守派的传承者，也是神学本色化的代表人物，还有丁立美等优秀人才。华北神学院非常重视实学，把理化和天文学作为重要课程，并建有高标准的理化实验室大楼（图 2-8）。

图 2-8　华北神学院的理化实验室大楼[1]

五、日军集中营中的抗争

1941 年 12 月 7 日，日本军队偷袭珍珠港，第二次世界大战全面爆发。在珍珠港事件中，由于一些日侨间谍充当别动队向日本法西斯军政当局提供情报、搞破坏活动，导致当时美国将国内的 6 万多名日侨集中到洛杉矶统一看管。作为报复，1942 年 3 月，侵华日军也将西方同盟国在中国的外侨全部抓起来，分别关在潍县（今山东潍坊）乐道院、上海龙华和香港。其中，在潍县乐道院关押着整个华北地区的西方侨民 2000 余人。后来日军将 400 多位天主教人士转移到北京关押，其余人在潍县乐道院被关押达 3 年半之久。集中营的粮食实行配给制，少到不足以维持最低的营养。

---

① 图片由赵曰北先生提供。

随着战争的深入，集中营的生活更加困苦，日本人经常供应发霉的高粱米等劣质食品，由于严重的营养不良，赫士博士没有等到集中营解放的那一天。赫士是有机会获救离开集中营的。在国际红十字会的帮助下，日美首批交换战俘时让他回国，却被婉言谢绝了。他把生的机会让给了别人。他说："我快九十了，又有严重的心脏病和糖尿病，我的志愿就是为中国的教育事业献身，还是让我葬在为之献身的异国吧。"[①] 1944 年 4 月 2 日，赫士博士因病去世，集中营的难友们为他举办了隆重的葬礼，数百名学生组成仪仗队，生前好友抬着他的遗体，在管弦乐队伴奏下葬在乐道院内外国侨民墓地。乐道院于 1945 年 8 月 17 日被解放，赫士夫人回国后不久去世。

六、小结

赫士 20 多岁就带着新婚妻子来到中国，对中国的科学与信仰教育做出了很多贡献。赫士一生著有 37 部著作及译著，包括很多科学教育类和宗教信仰类书籍。赫士不是没有登上权力顶峰的机会。由于创办山东大学堂成绩斐然，他获得清廷的双龙勋章，并深得当时的权臣袁世凯的信任。但是，他坚持自己的信仰，支持山东大学堂的学生不跪拜皇帝牌位，反对偶像崇拜，而毅然辞去总教习职位。袁世凯又推荐赫士参与清末的教育改革事宜。他因反对张之洞等人把礼拜天休假制度改为皇太后、皇帝及孔子生日，再次辞职。赫士坚守自己的信仰，即使到了晚年依然不忘初衷，因为反对齐鲁大学校内的自由主义神学思潮，又一次辞职。在没有任何经济保障的情况下，他创办了华北神学院。

作为颂词，华北弘道院董事会在战后第一次会议中写道："赫士博士在中国辛劳工作 62 年。虽然他在山东工作和生活，但他的影响遍及中国。他是一个少有的中国文化学者，并不知疲倦地工作直至生命的终点。"受到尊敬的同时，赫士同样也有普通人的一面。一个年轻的传教士谈对他 70 岁时的一些印象："他很忙，很难接近，有时还会暴躁，但也很幽默。"然而，他的妻子赫美吉却"害羞，是个很好的家庭主妇和厨师，是个滑稽的人，还很强壮"。他们是一对令人敬畏的夫妇。

①　韩同文. 广文校谱 [M]. 青岛：青岛师专印刷厂，1993：20-21.

赫士是来华传教士的一个代表。他们为了信仰而来，给这片古老的土地带来了现代科学和文明。但是，我们也必须清醒的认识到，传教士的根本目的是传教，即实现其"中华归主"的目标。以赫士辞去山东大学堂西学总教习这一事件为例，一方面可以说明赫士坚守自己的纯真信仰，但另一方面也反映了当科学教育事业与宗教信仰之间必须做出选择时，他会果断地选择后者。当时的山东大学堂，财政经费充足，人才济济，招生规模和生源素质绝非登州文会馆这所民办高校所能比的，而且赫士在大学堂有着很高的地位，山东的地方大员将他奉为上宾。可以想象，如果赫士致力于科学教育，学校将会培养出很多优秀的科技人才，山东大学堂也将成为中国最优秀的大学之一。从山东巡抚的角度看，他和他的祖辈父辈都是跪拜孔子的，这已成为学校的固定礼仪，而且已经允许赫士等外国传教士可以不跪拜，只是学生必须跪拜而已，这也已经是他的底线了。礼仪之争导致了赫士的离开。或许我们能从狄考文的一段话里找到答案："科学不是基督教的一部分，教授科学也不是教会的专门职责，但是它能够有效地促进正义事业（传教），教会不能否定或忽视这一点。"对于传教士来说，科学教育只是方法，传播信仰才是目的。

第四节 "南齐北燕"的建设者——路思义

图2-9　路思义（1937年）

路思义（Henry Winters Luce，1868-1941）（图2-9）是一名美国来华传教士，到中国学校教授物理、体育、数学、历史和英语；他早年薪水微薄、居无定所，却回国募集数百万美元，建立起在中国北方地区最著名的两所大学：济南的齐鲁大学和北京的燕京大学，当时学界有"南齐鲁、北燕京"之说。[①]他先后担任齐鲁大学副校长和燕京大学副校长，成就了中国

---

① 赵丽，宋静. 历史上最早的教会大学——齐鲁大学［J］. 山东档案. 2010（2）：69.

近代教育史上的传奇。

1868 年，路思义出生在美国马萨诸塞州的斯克兰顿一个虔诚的基督教家庭。路思义家族原籍英国，移民来到美国。路思义是他的中文名字，是他的中文老师给起的：路者道也！思乃意图、寻求之意，而义则为公义，路思义全名的意思是"一个寻求公义的人"。[①]

路思义的母亲曾经跟他说："记住孩子，我已经把你奉献给了上帝。"而他的父亲送给他一本《家庭医生》，书中内容多是一些医药常识，还为他准备了一个药箱，以备在传道途中使用。[②]青少年时期的路思义就表现出才智超群的领导能力，聪颖活泼，不拘泥于常规。1888 年，路思义考入耶鲁大学。他热爱体育运动、兴趣广泛，还特别关注新闻和宗教活动，这使他很快成为学生刊物《舞步》的编辑部主席。该杂志在他的领导下，取得了很大的成功。

大学时的路思义最感兴趣的还是宗教事务。对路思义来说，在耶鲁大学最重要的事是遇到了与他志同道合的朋友霍瑞斯·皮特金（Horace Pitkin）。他们一起聚会，一起祷告，一起谈宗教理想。[③]后来，路思义和皮特金一起到纽约协和神学院学习。这是一所坚持自由神学主义思潮的学校。在那里，他们还结识了同是来自耶鲁大学的谢伍德·埃德（Sherwood Eddy），自此"耶鲁三杰"（图 2-10）开始谋划他们的海外传教计划。

图 2-10　"耶鲁三杰"，中间的是路思义，左边是皮特金，右边是埃德 [①]

①　GARSIDE B. One Increasing Purpose：The Life of Henry Winters Luce．New York：Fleming H. Revell Company. 1948.

②　葛思德．勇往直前：路思义的心灵世界［M］．甘耀嘉，译．台北：雅歌出版社，1999：9.

③　布林克利．出版人亨利·卢斯和他的美国世纪［M］．朱向阳，丁昌建，译．北京：法律出版社，2011：3.

路思义与伊丽莎白·鲁特（Elisabeth Root）于 1897 年结婚，并争取到了去中国传教的资助，同年乘船到达山东登州，开始与中国结下了不解之缘。虽然狄考文等人在登州已经经营了三十多年，但当地人还是对他们的到来充满了深深地不信任。路思义的妻子伊丽莎白就刚到登州时的情景写道："在傍晚一个偏僻的陋巷，一群喜欢飞短流长的身着粗陋衣服的妇女看到了（我），她们最喜欢议论的话题——一个女洋鬼子。"当到达登州时，她感到"所有的希望都破灭了"，而路思义"却没有丝毫的不快"。在来华的路途中，路思义一行还曾在日本逗留两个星期。

一、登州文会馆时期的路思义——兼职体育的物理老师

早在美国的时候，路思义就常常听说狄考文和登州文会馆的事迹，并被深深打动。这也是他选择来登州的原因之一。路思义在文会馆的任务是接替狄考文教授物理和数学课程。他在耶鲁的时候只学过一年物理，但那已经是十年前的事了，而且他还要用正在学习的汉语来授课。由于文会馆特别重视物理实验，这也给他的备课增加了难度。这无疑是一个很大的挑战，但路思义并没有气馁。他全身心地投入到教学之中。据他的女儿 Beth 回忆说："他在上课前一晚都要做一个物理实验，希望第二天上课时能够顺利完成实验。"[①] 由于物理教学的专业术语较多，在 1898 年，路思义几乎是花了春夏两季所有的时间，来准备教材和课堂中所需要使用的中文词汇。那年秋天，当教完一个学期之后，他坦承有好几次他的进度只比学生超出一点点。过了不久，他当上了物理系的主任，并持续到他第一任宣教结束。[②]

路思义在文会馆发现中国学生极不喜欢运动，身着长袍马褂，老气横秋的样子。其实，这也是来华传教士对中国学生普遍的观感，丁韪良也有类似的记载：学生要学习有 3000 条礼仪的大书。第一条礼仪是"面容需严肃深沉"；第

---

① 劳泰瑞，方堃杨，胡卫清. 齐鲁大学、国学研究和路思义的一生 [J]. 山东高等教育，2015（4）：63.

② 葛思德. 勇往直前：路思义的心灵世界 [M]. 甘耀嘉，译. 台北：雅歌出版社，1999：93.

二条是"步履需稳重方正";另一条说:"如雨之降临亦须徐步而行"。[1]这与学生活泼好动的天性极不相称。于是,路思义想激发学生对体育的兴趣。他教了几样体育项目,效果并不理想。这时,他想到了篮球。篮球运动是詹姆斯·奈史密斯(James Naismith)于1891年在美国马萨诸塞州的一所学校担任体育教师时发明的。1895年12月8日,美国人来会理(Lyon)来天津筹建城市青年会,并把篮球运动传入中国。[2]

1902年,马森(Mason Wells)的弟弟拉尔夫·威尔斯(Ralph Wells)抵达登州。路思义和拉尔夫很快成为好友。拉尔夫喜欢各种运动,并且懂得如何打新式的篮球比赛。他们找来一个当地铁匠,请他打造了很多篮球架,并且说服了路思义的小亨利[3],向他借了那个篮球样式的皮球。他们两人各找了四名学生对阵,细心地教他们技巧和规则。最后,又请来一名美国老师权充裁判,加上学生观众一副惊讶状,山东第一场篮球比赛诞生了。路思义和拉尔夫铆足全力,想激发队员们的斗志,但是学生们怕丢面子,"如木头一般,站立不动"。球弹到他们的面前,他们通常只是让球擦过身边,当球滚在地上的时候,他们只想踢开——于是几双布鞋满场飞了起来。[4]在路思义等人的带动下,终于学生爱动的天性调动起来。队员们辫子飞舞,马褂飘扬,还经常手脚并用。那位美国裁判也不知道该如何"执法",观众们捧腹大笑。篮球给这些孩子们带来了久违的欢乐。

虽然开始并不算顺利,但经过路思义等人的训练,球队实力迅速增长,还经常参加比赛。到了第二年,篮球已经变成山东省最受欢迎的运动,有不少球队的水准不在美国大学队之下。学生们开始变得喜欢体育活动了,特别是到潍县的广文大学之后,体育活动也变得多种多样,"野外运动、竞走、跳高和撑杆跳"等受到广泛欢迎,足球也越来越受喜欢,不过最受欢迎的还是"网球和篮球"。[5]

关于第一场篮球赛的时间,一说是1898年,小亨利就是1898年出生的,

① 丁韪良. 花甲忆记:一位美国传教士眼中的晚清帝国 [M]. 沈弘, 恽文捷, 郝田虎, 译. 桂林:广西师范大学出版社, 2004:324.

② 李辅材, 文福祥. 中国篮球运动史 [M]. 武汉:武汉出版社, 1991:7-9.

③ 后来的小亨利成为美国《时代周刊》创始人,是享誉世界的传媒大亨。

④ 葛思德. 勇往直前:路思义的心灵世界 [M]. 甘耀嘉, 译. 台北:雅歌出版社, 1999:93.

⑤ 郭查理. 齐鲁大学 [M]. 陶飞亚, 鲁娜, 译. 珠海:珠海出版社, 1999:84.

能玩那么大的球，而且还可以说服，应该不是一岁的小孩子能做的。马森·威尔斯（现在多称为卫礼大）是 1895 年来到烟台的，而他的弟弟拉尔夫（现在多称为卫礼士）是 1902 年来到登州的，[①]因此这一场篮球赛应该是 1902 年打的。1935 年，路思义回到山东，在潍县重新见到了拉尔夫，并在他的带领下见到了很多老朋友。[②]

二、迁校潍县——路思义第一次回国募捐

路思义来到登州的时候就发现当地经济水平落后，交通不便，并不适合建高标准的大学。于是，他提出迁校的建议。由于狄考文等人的坚决反对，此事只能作罢。但随着胶济铁路贯通，特别是义和团运动之后，登州交通不便的矛盾更加凸显，路思义再次提出迁校。这次他得到了文会馆第三任监督柏尔根（Paul D.Bergen，1860—1915）的支持。在新校址选择上，路思义力主迁往潍县而不是济南。后来，他在一封信中写道："我个人更倾向于迁往潍县。因为当时在济南不可能选到合适的校址。"[③]

1904 年，文会馆迁往潍县，与广德学院合并为广文大学。[④] 1905 年，当时的广文大学校长柏尔根找到路思义，希望他在次年回国述职期间为学校募款，以改善办学条件。而此时的路思义一心放在教学上，想在述职期间加强进修学习，以提高自己的教学能力。但是他也知道，为了学校的发展，他必须改变计划，把重心放到为学校募款上来。

1906 年，路思义回到美国。他给自己定了一个 25 万美元的募款目标，这在当时是个很大的数目。正如路思义自己预计的那样，募款非常困难。大约一

---

① 王妍红. 美国北长老会与晚清山东社会（1861—1911）[D]. 武汉：华中师范大学，2014：177-178.

② 这些记录内容来自路思义的家族档案，该档案（H. W. Luce, "Yenching University," June 26, 1935, HWL Papers, Box 7.）现存于耶鲁大学图书馆。

③ 这些记录内容来自路思义的家族档案，该档案（Extract from Letter of H. W. Luce, Tung-chow, April 18, 1900, Presbyterian Board of Foreign Mission, 1833—1911, China, v01. 41, Part 6, in roll. 213.）现存于耶鲁大学图书馆。

④ 王元德，刘玉峰. 文会馆志 [M]. 潍县：广文学堂印刷所，1913：1.

年的时间，他都要面对各种各样的人不停地演讲宣传自己的学校，虽然收获很少，他总能幽默、坦然地面对这一切。路思义在给妻子伊丽莎白的一封信中说道：失望连连，偶尔成功。还有一封信这样写道："今天我碰到甲先生，他说他不能捐钱，因为他的妻子生病已经花了四万元。亲爱的，我认为你应该保重，因为我怕我努力了半天，最后还是少募了四万元。"①

1907年3月，路思义一家回到潍县，从募款数额上来看，只募到了"五年前所需要经费的十分之一"。②虽然募款并不是很成功，但是路思义的真诚却打动了很多人，为以后募款打下了基础。他还经人介绍，认识了芝加哥的麦柯密克太太。她不但答应给一笔捐款，还给路思义一家在潍县捐建了一所房子。尽管路思义为学校做出重要贡献，但他的薪酬很低，以至于居无定所，在中国11年间，包括废弃的庙宇在内共住过30个地方，路思义曾这样描述那段日子："我们从来没有住过一个地方，而不需要担心什么时候得搬出来。"③现在他们终于可以安定下来了。1908年12月8日，路思义写道：我们的新家建立起来了。长期奔波募款，饮食不规律，给路思义以后的健康埋下了很大的隐患。

值得一提的是1907年12月26日校董会投票通过在文理学院开设英语课的决议，而文理学院的第一任英语老师就是路思义。④

三、筹建齐鲁大学——路思义第二次回国募款

从美国回来后，路思义和家人度过了一段美好的时光。随着辛亥革命的爆发，学校得到当时山东地方政府的大力支持，并获得了600亩（1亩约等于666.7平方米）土地的使用权。美国教会山东差会决定将广文大学各个分校合并

① 葛思德. 勇往直前：路思义的心灵世界［M］. 甘耀嘉，译. 台北：雅歌出版社，1999：103-104.
② 葛思德. 勇往直前：路思义的心灵世界［M］. 甘耀嘉，译. 台北：雅歌出版社，1999：108.
③ 葛思德. 勇往直前：路思义的心灵世界［M］. 甘耀嘉，译. 台北：雅歌出版社，1999：115-116.
④ 郭查理. 齐鲁大学［M］. 陶飞亚，鲁娜，译. 珠海：珠海出版社，1999：79.

迁往济南成立齐鲁大学，并决定让路思义回国募款。虽然路思义极不情愿离开，但为了学校他只能这样做。这次募款更加辛苦，一直持续了三年。他必须长期在外奔波，很少能和家人聚在一起，但募款并不多。

随后的第一次世界大战也影响了人们捐款的热情，给募捐带来不小的困难。1915 年 8 月，路思义终于完成募款计划，整整募得 30.5 万美元。但这也给他的身心造成了极大的伤害。以至于布朗博士给他的一封信里写道："在经过这么大压力考验之后，我希望你能好好休息一段时间。我们应该尝试找到更好的方法来支持教育工作，而不是让我们虔诚的宣教士来从事这种类似于自杀的工作。我几乎想不出还有什么工作比为学校募款更艰难的事了。"

路思义在美国的时候，就找过当地的工程师帮助设计齐鲁大学校园。回校之后，路思义被任命为齐鲁大学副校长和建校委员会主席，全面监督建校工程。路思义给麦柯密克太太的一封信中表达了他的无奈：我是多么想回到我的班级教学工作中去啊。由于第一次世界大战期间美元贬值，再加上中国国内也是战乱不断，建筑材料价格居高不下，给新校建设带来很大困难。更重要的是路思义与当时的校长卜道成在建校方略上出现很大分歧。1917 年 4 月，路思义提出辞职，并离开了山东。1919 年 4 月 5 日，路思义在给他的朋友罗伯特的一封信中说："这周齐鲁大学想请我回去，但是对我而言那里的工作已经结束了，离开山东的时候，我的心都要碎了……。"路思义虽然离开了齐鲁大学，但他并没有停止对这所心爱的大学的支持。1920 年 4 月 5 日，时任齐鲁大学校长聂会东给路思义的一封信写道："我非常羡慕司徒雷登先生和燕京大学有你这样优秀的副校长。我请求您支持我们 5000 美元，以便给物理楼和化学楼安装暖气。"在后来的很长一段时间里，路思义多次在财政上帮助过齐鲁大学。在上海工作了一年多之后，路思义被司徒雷登邀请到燕京大学担任副校长。

四、筹建燕京大学——路思义第三次回国募款

1919 年，司徒雷登接手的燕京大学，既无合适的校园，又无师资，经费还经常拖欠。以至于司徒雷登回忆道："我接受的是一所不仅分文不名，而且似

乎是没有人关心的学校。"①司徒雷登担任校长后，采取了一系列措施改变学校的落后面貌，其中一项就是建设一所崭新的校园。他决定聘用路思义为燕京大学副校长，帮助解决筹款事宜。但此时的路思义还没有从为齐鲁大学筹款的阴影里走出来。他表示不会考虑这项职务，除非这项任务主要的工作是行政和教学。②因为路思义真正的兴趣在教学上。他知道，这次如果还不能从事他热爱的教学事业的话，可能永远都没机会了。但是，燕京大学目前的状况的确需要大笔的资金投入，而且他与司徒雷登校长在建校方略上是一致的。在校方的一再催促下，路思义接受任命并开始在美国各地不停地奔走、演讲，呼吁支持学校发展，只是这次他帮助的是燕京大学。拜访他过去就已经争取到的朋友，并通过他们再结交新朋友。但是，当时的燕京大学是一所毫无知名度的甚至连修建校舍都还没有地皮的学校。他写信抱怨说，这是他最大的不利条件，似乎是在水底为码头修建基础。③

路思义一边为燕京大学筹款，一边为校园建筑布局而费尽心机。路思义认为，教会大学必须融入中国的文化元素，特别是在校园建筑方面。他的建议得到了司徒雷登和校董们的支持。路思义在美国找到了著名建筑师亨利·莫菲（Henry Killam Murphy，1877—1954）来设计建造燕京大学校园。莫菲对中国建筑非常感兴趣，曾帮助设计齐鲁大学的校园。对是否采用中式建筑上，更多的是反对的声音。若非路思义对中国式建筑不屈不挠的坚持，那"一小撮"支持中式建筑的人早就被对手封杀了，燕京大学也势必成为另外一个西方建筑的复制品。④比如在水塔的设计上，路思义就坚持使用宝塔式样，也就有了今天北京大学的博雅塔。但这无疑增加了校园的建设成本。成本的增加就意味着路思义需要募集更多的钱，付出更多的辛苦。

路思义在美国还努力宣传中国的美好发展前景。他不再强调中国的贫穷

① 司徒雷登. 在华五十年——司徒雷登回忆录［M］. 陈丽颖，译. 上海：东方出版中心，2012：49-50.

② 葛思德. 勇往直前：路思义的心灵世界［M］. 甘耀嘉，译. 台北：雅歌出版社，1999：149.

③ 司徒雷登. 在华五十年——司徒雷登回忆录［M］. 陈丽颖，译. 上海：东方出版中心，2012：50.

④ 葛思德. 勇往直前：路思义的心灵世界［M］. 甘耀嘉，译. 台北：雅歌出版社，1999：152.

和落后，而是更多地说明中国的友好。他说："如果是以前，我是不可能喜欢中国的，而现在发现以前对中国的很多认识都是错误的，并且误导了我们。"他还借用一位美国部长的话说，"不但我们喜欢中国人，他们（中国人）也喜欢我们"。

路思义在美国到处奔走演讲，拜访老朋友，认识新朋友，让更多的人了解燕京大学、支持燕京大学。他的努力，为后人募款铺平了道路。尽管募款十分艰难，路思义还是筹到了建设燕京大学的经费。1924年，燕京大学财务委员会在年会上通过的一份声明指出：坐落在燕京大学校园里的每一个建筑是对他（路思义）的勇气、耐心和信心所献上的永恒敬意。[①]在燕京大学短暂停留之后，路思义于同年又被派到美国为燕京大学的教职工宿舍募款。这是他第四次回美国募款。但这次路思义病倒了，由于巨大的压力和长期的饮食不规律，导致他患有严重的胃溃疡。这也使他最终不得不退出了燕京大学。

五、小结

毫无疑问，路思义与所有来华的传教士一样，目的是实现其所谓的"中华归主"的目标，然而客观上他们却促进了东西方文化的交流和中国近代化的进程，更重要的是促进了中国教育发展的现代化。

1935年，路思义开始了他的环游世界之旅。他来到中国时，先去看了齐鲁大学。他看到的是一个蒸蒸日上的齐鲁大学。他的第二站是燕京大学，校长司徒雷登亲自到车站迎接这位燕京大学的英雄。燕京大学的壮丽校园让路思义感到震撼，这正是他心中的大学。司徒雷登校长带领着路思义，来到未名湖畔。湖水倒映着优雅的建筑，湖心有个林木参差的小岛，而在这片树林当中有个六角亭。当校长领着路思义走到这个亭子时，他开口说道："亨利，这个亭子是学校的心脏。学生曾在这里度过欢乐的时光，也曾在这里激烈辩论或静思默想。你看，这亭子上有三个汉字——'思义亭'（图2-11），这是一个属于追求公义之人的亭子。"[②]

---

① 葛思德.勇往直前：路思义的心灵世界［M］.甘耀嘉，译.台北：雅歌出版社，1999：157.

② 葛思德.勇往直前：路思义的心灵世界［M］.甘耀嘉，译.台北：雅歌出版社，1999：189.

图 2-11　燕京大学思义亭

　　1941 年 12 月 8 日，路思义因病逝世。他的后人建立路思基金会，继续支持中国的教育事业。台中市的东海大学建有路思义大教堂，以纪念路思义为中国教育做出的贡献。

第三章
力学实验

登州文会馆最初的物理教科书是 1868 年出版的《格物入门》，作者丁韪良（William Alexander Parsons Martin，1827—1916），字冠西，是一位晚清时期来华的美国传教士，在华时间长达 62 年，是在华时间最长的传教士之一。1865 年，丁韪良进入京师同文馆担任英语教习。《格物入门》是他在京师同文馆编著的第一部理科教材，后来也成为文会馆的教材。京师同文馆直到 1888 年才建成物理实验室①，而登州文会馆依据这部教材很快就建起了理化实验室。

赫士来华之后，开始使用《初等物理学》英译本作为教科书。这本书关于力的内容较少，只讲到一些关于力与运动的基本常识性内容。《格物入门》却专门有第 5 卷来讲述力学知识，所以文会馆实验室力学实验器材，是以《格物入门》力学卷为主要依据的。

第一节　普通力学实验

文会馆力学类仪器设备包括：杠杆架、双尖劈、天平、离中弧、玛瑙臼、不倒翁、高升轮、跃力架、翻车人、离中机、离中杯、立方铁玛（码）、敧器、

---

① 韩礼刚.《格物入门》和《格物测算》的物理学内容分析 [D]. 呼和浩特：内蒙古师范大学，2006：14.

050

秤架、传力球、离中车、摔力杯、法国法玛（砝码）、斜塔、重心板、稳行球、斜面车、滑车架、中国法玛（砝码）、奇动轮、重心杆、跃力框、钢春、互转架、蓄力球、旋转机、离毗力球、立方铅玛（码）、英国法玛（砝码）、地球形圆、各式滑车。本节将分类说明文会馆的力学实验。

一、万有引力实验

《格物入门》指出："物分轻重"是"因被地球所吸也"，创造万有引力定律"其说者，英国博物之士韦董（牛顿）也"。而且"引力无分早迟，惟渐远渐小耳，不独地上之物被其吸引，即月之绕地运行，亦因被吸而然也"。[①]实验室中演示日地月相吸的万有引力实验用到的仪器是地球形圆。地球形圆即地球仪，实验室还用地球仪向学生说明各种引力相互作用引起的潮水现象，其中还提到了钱塘江大潮的成因：近海之处，因岸畔曲折，不能径达，其势相逼，遂致其流急而其高加倍，有时数浪相逢，高至数丈者。而于由海入江之门户，往往如此。浙江钱塘江大潮，即此故耳。[②]丁韪良在南方地区生活过一段时间，想必是对这一自然奇观甚是关注，这在他的著作中体现出来了。潮汐是由月球的引力和太阳的引力相叠加形成大潮，而小潮形成原因是引力的方向相反，相互抵消造成的。地球仪还可用于多种实验，比如光学中的日食、月食实验，以及天文学和地理学研究之用。

世界现存最早的地球仪是由德国航海家、地理学家贝海姆（Martin Behaim，1459—1507）于 1492 年发明制作的，这架地球仪的直径有 20 英寸（1 英寸 = 2.54 厘米），保存在德国纽伦堡博物馆。这架地球仪标注的地形地貌很不准确，如将非洲西海岸的地形标得面目全非，竟然将印度洋标注为向东西扩展的海洋。出现严重错误的原因可能是该地球仪是以托勒密的《地理学指南》为依据制造完成的。

---

① 丁韪良. 格物入门：力学卷 [M]. 北京：京师同文馆，1868：6-9.
② 丁韪良. 格物入门：力学卷 [M]. 北京：京师同文馆，1868：12.

二、与重心有关的实验

与重心有关的实验主要集中在三个方面：一是验重心，二是求重心，三是得重心。

（1）"验重心"即验证重心存在的实验及其仪器，实验室中相对应的仪器主要有：欹器、不倒翁和斜塔。

欹器本是人类早期用以盛水或酒的尖底陶器，当时还没有文字和语言，所以没有具体的名字。平底陶器出现后，那些尖底陶器放在平面上总是歪斜着，人们叫它欹器。丁韪良对于欹器的解释是："春秋时，鲁朝中有欹器，贮水之半，则稳而平，欹之中固有重心之所在，贮水之半而平，平之中又移一重心之所在也，以水满贮，则倾覆而出，此又过其重心然也。"[①] 说明欹器实际上是利用了重心的原理，空瓶时，重心在一侧，所以它总是斜歪着。注入一半的水后，重心和支撑点在一条直线上则稳而平。而当注满水后，则重心偏离，导致倾覆。

欹器又称为宥座、右座之器，这也是座右铭的来历，是借欹器"满则覆，中则正，虚则欹"的特点喻示"满招损，谦受益，戒盈持满"的道理，并以此警诫自己。从目前的资料显示欹器至少有三种类型：一种是用于汲水的悬浮式欹器，一种是用绳子悬着的悬挂式欹器，还有就是放在平面上的触地式欹器。现在并不知道文会馆实验室的欹器是哪一种或哪几种。

不倒翁（图3-1）乃中国之玩物，上制半人形，其体甚轻，底作半圆球形，内实重物（如铅、锡等）。无论如何板仆之，自能起立，是因重心占最下之位置，与悬垂之理无异也。[②] 不倒翁是由唐代的"捕醉仙"转化而来，又称为"酒胡子""劝酒胡"，是古时人们饮酒取乐的一种器具，之后发展为儿童玩具。清代著作《陔馀丛考》的三十三卷中有关于不倒翁的记载，该书是由当时的史学家、文学家赵翼所著。其中有："儿童嬉戏有不倒翁，糊纸做醉汉状，虚其中而

---

① 丁韪良. 格物入门：力学卷 [M]. 北京：京师同文馆，1868：15-16.
② 陈文哲. 普通应用物理教科书：第8版 [M]. 武汉：湖北教育部，1908：36.

实其底，虽按捺旋转不倒也。"[①]另据五代王定保所撰《唐摭言》中显示，"巡觞之胡人，心俛仰旋转，所向者举杯。胡貌类人，亦有意趣，然而倾侧不定，缓急由人，不在酒胡也。"[②]不倒翁说到底还是一个重心下移的问题，重心低面广则难倒。

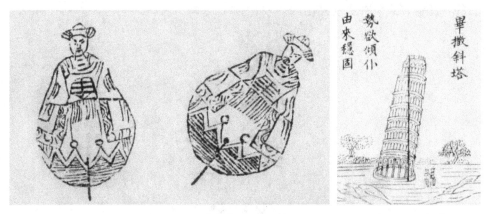

图 3-1　不倒翁[③]　　　　　　　　　　　　图 3-2　斜塔[④]

斜塔（图 3-2）也是验证重心性质的器物，是意大利比萨斜塔的模型，"凡物欲知其立稳与否，须考其重心所在，由上至下，划一直线，线在底内必稳，线出底外必仆，……盖造此斜塔以为奇观，其重心仍不出于其底外也"。[⑤]

（2）求重心即利用重心的相关知识来求物体的稳度。相关的仪器有重心杆、重心板和稳行球。

重心杆为一对称的木杆，"以木箸居中擔于指上，自能平稳，以两端均匀故也，若一头包金，必至偏斜"，重心杆还有一弯曲的仪器，下端有铁尖木片，竖在支面的上面（尖端用金属制作，表面要非常光滑），很容易倒地。这主要是因为重心在木片的上端，如果现在两端各加一个铅球，则重心下移至尖端以下，就提高了它的稳定性。

重心板是一厚薄不均匀的木板，"以木板居中，擔于指上，若木板一角较

① 赵翼. 陔馀丛考：卷三十三 [M]. 上海：商务印书馆，1957：712-713.
② 王定保. 唐摭言：卷十 [M]. 上海：中华书局，1960：107.
③ 陈文哲. 普通应用物理教科书：第 8 版 [M]. 武汉：湖北教育部，1908：36.
④ 丁韪良. 增订格物入门：力学卷 [M]. 北京：京师同文馆，1889.
⑤ 丁韪良. 格物入门：力学卷 [M]. 北京：京师同文馆，1868：15.

厚，亦必偏斜，必依近厚角，方能平稳，以重心异于中心也"[①]。

稳行球（图3-3）与弯曲的重心杆相似，也是通过降低重心来达到提高稳定度目的，人通过携带两个相同的铅球来降低重心，与表演走钢丝的人手里拿着的杆相似，只是杆更易控制。

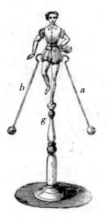

图3-3　稳行球[②]

（3）测重心的方法是悬挂法（图3-4），将物悬于一角，由悬处上下画一直线，再易一角，复画直线，如物是薄片，则二线相交处即重心。[③]

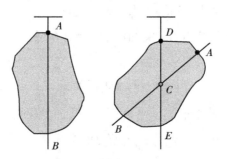

图3-4　确定薄板的重心

现代高中物理课本也有类似描述，确定薄板的重心：薄板重心的位置可以通过两次悬挂法来确定。先在A点把物体悬挂起来，通过A点画一条竖直直

---

①　丁韪良. 格物入门：力学卷［M］. 北京：京师同文馆，1868：15.

②　饭盛挺造. 物理学：上篇卷二下［M］. 藤田丰八，译. 王季烈，重编. 上海：江南制造局，1900：20-21.

③　丁韪良. 增订格物入门：力学卷［M］. 北京：京师同文馆，1889：16.

线 *AB*。然后再选另一处 *D* 点把物体悬挂起来，同样通过 *D* 点画另一条竖直线 *DE*。*AB* 和 *DE* 的交点 *C*，就是薄板的重心。[①]显然 1868 年出版的《格物入门》与 2006 年出版的高中物理教科书，关于求薄板重心的方法高度一致。

三、测定向心力的实验

物体在做圆周运动的时候，需要一个指向圆心的力，这个力称为向心力。物之运行，非有力吸引之，必直行而不偏，此离中之力使然也，其围绕旋转，非有力发送之，必归至圈中，此比中之力使然也。二力必须均匀，始能不离不比、旋转不已也。[②]向心力可以是某种性质的一个力或某个力的分力，还可以是几个不同性质的力的合外力，方向是沿半径指向圆心。文会馆实验室中演示向心力的仪器主要有离毗力球、离中杯、离中车、离中机、离中弧。

（1）离毗力球（图 3-5）是用绳子系一小球，用力旋转，转速越快，绳子张力越大。用以验证向心力的方向及向心力大小与哪些因素有关。在做此实验时，必须用力惟均，乃能周而复始也。盖绳引即比中之力，发送即离中之力耳。[②]

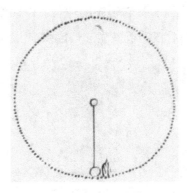

图 3-5　离毗力球[②]

（2）离中杯是"以小桶盛水，绳系而挥之，若转轮然，其水不致外溢者，以运行之力，足与吸力相抵也"。离中杯与现代杂技表演中的水流星相同，用

---

① 人民教育出版社物理课程教材研究开发中心. 普通高中课程标准实验教科书（必修）[M]. 北京：人民教育出版社，2006：52.

② 丁韪良. 增订格物入门：力学卷 [M]. 北京：京师同文馆，1889：12.

于演示向心力的仪器，特点是简单易操作，而且现象明显。

（3）离中车（图3-6）是"设一转轮，以小杯盛水，绳系于轮，令转极速，其水亦不溢也。如将绳陡然斩断，而其杯仍随轮运转，不致坠落也。"

（4）离中机（图3-7）是"以数尺铁条弯之作圈，立地发之横转旋转极快，其形眩目成圆，将见左右撑而凸，上下成为扁形"[1]，这个实验还可演示说明地球的形状是与其自转有很大关系的。

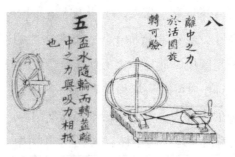

图3-6 离中车　　图3-7 离中机

（5）离中弧（图3-8）就是现在物理实验室的离心轨道，是一种演示小球离心运动的实验仪器，其结构非常简单，用光滑的不锈钢做成一个轨道，使小球在轨道上自由滑动而不至于从轨道中间掉落。以此测量出小球刚好经过圆圈顶端而不坠落的高度，然后根据机械能守恒定律求出小球的向心力和运动速度。

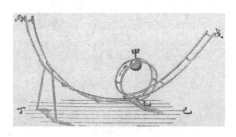

图3-8 离中弧[2]

文会馆时期，实验室用的是"铜丝两条，绕作一离心轨，图中左右轨道丙丁戊己，形如斜面，中作圆轨甲乙，若以小钢球置于丙或戊，则球有位能（势能）。沿斜轨下坠，至于最低点乙，则失位能，而得动能，故运圆轨而行，及

① 丁韪良. 格物入门：力学卷［M］. 北京：京师同文馆，1868：14.
② 何德赉. 最新中学教科书：物理学［M］. 吴光建，译. 上海：商务印书馆，1907：161.

至圆轨之制高点甲，则略失动能，而复得位能，其总能并无增减（此指无阻力而言）。故球仍从甲运行于圆轨之上，而至于乙，至是则无位能，而有动能，使球沿斜轨而上，以至于戊。苟所行之路，毫无阻力，其所升之高，应与其初时所自坠者同。惟丙丁与甲乙比，有一定之数，若小于此，则小球不能运过甲点。"[①]因此离中弧既可以做机械能守恒实验又可以做离心力实验，在现代物理实验室中仍然得到广泛应用。

四、测定物体质量的实验

测定物体质量的仪器主要是天平，但当时由于还没有世界统一的质量单位标准，所以砝码的种类繁多。文会馆实验室有天平、立方铁玛（码）、秤架、法国法玛（砝码）、中国法玛（砝码）、立方铅玛（码）、英国法玛（砝码）等器具。

（1）天平（图3-9）。"盖天秤与秤皆杠杆也，天秤之倚所居中，砝玛即力，与所权之物分量均匀。"[②]天平为以重量之器，所量之物于秤盘 D，置铜锤于秤盘 C。说明当时并没有将质量和重量区分开来，还是以为天平是测重量的仪器，点明了用天平测量的注意事项之———"左物右码"。

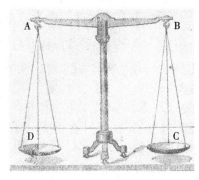

图 3-9　天平[②]

（2）砝码。度量衡中所用的衡器，又称为"权"。当时国外常见的一些铁码、砝码和铅玛，与现代实验室中通用的砝码已经非常接近。每个国家都有一

---

①　何德赉. 最新中学教科书：物理学［M］. 吴光建，译. 上海：商务印书馆，1907：161-162.

②　水岛久太郎. 中学物理教科书［M］. 陈榥，译编. 东京：教科书译辑社，1902：99.

个关于砝码的千克基准，并以此为依据设定其他砝码，中国现在的国家千克基准是 1965 年由国际计量局检定、编号为 60 的铂铱合金千克基准砝码。

中国在夏代即出现相当于砝码的"权"。此后的 4000 多年间，不同朝代有不同形状和材质的"权"作为衡量的器具。据资料记载砝码最早出现于东周，是古代度量称重的标准衡器，是商品交换的产物，具有悠久的历史。随着社会发展，权除了用作衡器外，还被用作吉祥物、压镇等。

清朝商品经济较宋、元、明时期又有了进一步发展，为加强统治和发展经济的需要，也促进了度量衡的发展。随着经济的发展，度量衡器具也成为商品，并出现了戥秤行业。戥秤业的兴盛，也从某种程度上促进了铜函砝码的产生。当然还有市井之中的铁制或铅制的秤砣，用于较为粗略的称量。《清会典》对砝码颁发有明确规定，《清会典事例户部法马》记："法马由部审定轻重，工部铸造……部颁法马由一分至九分、一钱至九钱、一两至十两、二十两、五十两、一百两、二百两、三百两、五百两，正负（法马）各一副。"[①]清末实行新政改革度量衡期间，清廷对中西度量衡的换算与度量衡表的制定同样相当重视，为统一度量衡做了详细的前期准备。[②]

法国砝码依据法国的度量衡标准，以克、毫克、千克等为单位，与现代国际通用的单位相近，所以法国砝码与现代砝码最为接近。英国砝码外形虽然与现代砝码接近，但质量不同，以磅、盎司等为单位，[③]英国砝码在现代英语国家仍然有广泛应用，所以登州文会馆物理实验室对这几种在世界上广泛应用的度量衡砝码都有介绍。

五、简单机械的实验应用

机械是能够改变力的大小和方向的装置。机械不但能减轻体力劳动强度，还能提高劳动效率。机械的种类比较多，还很复杂，为了研究方便，常常把机

---

① 卢嘉锡，丘光明. 中国科学技术史度量衡卷［M］. 北京：科学出版社，2001：133.
② 刘增强. 清末度量衡用表浅谈［J］. 内蒙古师范大学学报：自然科学版，2017（04）：585.
③ 黄孝先. 各国权度［M］. 上海：商务印书馆，1934：33.

械分解为几种简单的机械。简单机械是力学器最多的一个类别，包括杠杆架、双尖劈、玛瑙臼、高升轮、跃力架、翻车人、秤架、捽力杯、斜面车、滑车架、奇动轮、旋转机、跃力框、钢舂、互转架、各式滑车等。

（1）杠杆架、互转架（图3-10）。这是有关杠杆的实验仪器。杠杆"不过一长木而已，惟须有倚所"[1]。此处的"倚"也就是常说的支点，因为支点的位置不同，杠杆又分为3种：省力杠杆、等臂杠杆和费力杠杆。省力杠杆主要是用来"除移重物"；等臂杠杆应用主要有称量物体质量的天平；费力杠杆的作用主要是节省距离，如人的肢体之中的"臂膀"。由于杠杆只是一长木棍，并没有将其列入实验仪器，而各种杠杆联合的杠杆架和互转架牵扯力的传动，因此列为仪器，以便于演示实验。以"数杠相连"的杠杆互转架有多个支点多个杠杆组成，其结果"愈省力也"，但多个杠杆的联动增加了应用的难度。

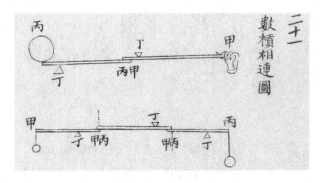

图 3-10 互转架

（2）奇动轮和旋转机（图3-11）。轮轴原理与杠杆相似，"轮辐正如杠杆之长短，轴辐如杠杆之短头。"轮辐和轮轴之比即可视为杠杆长短之比，由此可知轮轴的省力情况。"数轴相连，其力愈增"，[2]奇动轮和旋转机就是常用的数轴相连的轮轴例子，其中"以宽皮带"相连的旋转机常被应用做电动机的联动装置。

---

① 丁韪良. 格物入门：力学卷［M］. 北京：京师同文馆，1868：33.

② 丁韪良. 格物入门：力学卷［M］. 北京：京师同文馆，1868：37.

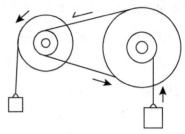

图 3-11　奇动轮和旋转机

（3）滑车架和各式滑车（图 3-12）。滑车亦转轮也，外加绳索，目的是"以起重物"，有死滑车和活滑车之分，即定滑轮和动滑轮。

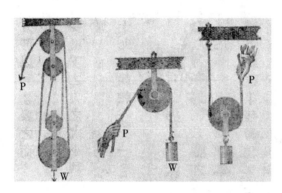

图 3-12　各式滑车 [1]

定滑轮"原无所省力，惟重物藉之有倚，人力渐施得便耳"，说明定滑轮不省力，但可改变力的方向。动滑轮则是随重物"渐渐升起，滑车两旁二绳均匀受力"，所以动滑轮是省一半的力。"滑车数具相连"也即滑轮组，则"愈省力矣"。[2]滑轮在中国古代就有应用，现代人猜测中国古人并不知道为什么有的省力有的不省力。

古希腊人将滑轮归类为简单机械。早在公元前 400 年，古希腊人就已经知道如何使用复式滑轮了。亚里士多德在著作《机械问题》中专门研讨了"复式滑轮"系统。阿基米德探讨过很多有关简单机械的知识，详细解释了滑轮的运动学理论。

---

① 何德赉. 最新中学教科书：物理学［M］. 吴光建，译. 上海：商务印书馆，1907：83-84.
② 丁韪良. 格物入门：力学卷［M］. 北京：京师同文馆，1868：40.

关于定滑轮的一个应用——高升轮，以死滑车悬椅，人坐其上，自拽即能上升，若他人拽之，靠一条索，力无省也，惟自拽之，系二索契力，正与活滑车无异，省力一半矣，盖二索契力惟均，此头偏重，彼头自然上升也。[①]

（4）起重装置——秤架。应为鹤颈秤（图 3-13），它是中国所说的天秤。其原理也是杠杆原理，加以高架，目的是升起重物，属于早期的起重机械。

图 3-13　鹤颈秤

由于天秤是轮轴与杠杆联合，上部较长形似鹤的颈部，故名鹤颈秤。这种最初的起重机械是手摇装置，因此起重效率可能并不高。《中西闻见录》中这样描述："鹤颈秤者，秤之用类天秤然，故曰秤，其曰鹤颈者，则象形而名之也……鹤颈秤其至要之机关二具，一在滑车，二在轮轴，皆为助力之器……以火轮机连之，其力几至无穷。"西方也早就加以利用了："西国多用之，小者以之运木石于恒墙高阜，大者以之搏巨舟出水而登之于岸。于通商海口，以此秤浮之于水，为往来运重之便，近因有土路火车，遂无论田间河畔，均可随地施用"。[②]显然这种机器动力的起重机械在西方已被广泛应用。

（5）翻车人。亦称龙骨水车、踏车、水车，有人力的和畜力的，文会馆实验室取名为翻车人应该是人力的翻车。

李约瑟将龙骨车列为中国古代的 26 项重要发明之中[③]，并指出西方在龙骨车这一机械技术上要落后中国 1500 年。南宋诗人陆游《春晚即景》有："龙骨

①　丁韪良. 格物入门：力学卷［M］. 北京：京师同文馆，1868：40.
②　丁韪良. 论鹤颈秤［J］. 中西闻见录，1872（3）：12.
③　李约瑟. 中国科学技术史：第一卷导论［M］. 北京：科学出版社，1976：253.

车鸣水入塘，雨来犹可望丰穰。"龙骨水车约始于东汉，三国时发明家马钧曾予以改进，此后一直在农业上发挥巨大的作用。龙骨水车作为我国古代先进的生产工具，具有许多优点，如提水效率高、使用简便、适用于多种地形、多种动力可供选择等，是我国古代劳动人民的杰出发明。龙骨车在长时间的发展与改进过程中整合了众多先进的技术，如链轮传动的半自动技术，中国早在1000多年前就已经应用在龙骨车上，而西方则直到近代才开始使用，足见龙骨车在技术方面的先进性。[①] 在长期的劳动生产中，龙骨水车一直在不断地更新发展之中，民国初年还有利用滑车改良龙骨车的文章：我国之有翻车千余年于兹矣，其制极简，其用最广，殆为农家重要之农具也。[②] 从图上可以看出其设计确实很好地利用了滑轮组的作用，但这种技术并没有广泛应用起来，而是被更为先进的内燃机取代了。

（6）斜面车（图3-14）、双尖劈。斜面是"以板侧置，便于运重是也"。盘山道路是"车马渐至高处，亦斜面之理也"。[③] 如果想提起重物至一定高度，不依靠任何工具，拉力就应该等于重力，如果重物很重，可能就提不起来或耗费很大的力气。但是使用斜面就会省力很多，而且是斜面越长、倾斜度越小越省力。《荀子·宥坐》有关于斜面应用：三尺之岸，而虚车不能登也，百仞之山，任负车登焉。何则？陵迟故也。在技术类著作《考工记·辀人》中也有记载："登阤者，倍任者也。"但是斜面越省力就越费距离，提升物体就越慢，其根本原因是简单机械可以省力但不可以省功。

斜面车实验：斜面很早就被我国古代的能工巧匠所应用。墨家学派就曾制造过一种斜面引重车，也就是今天所说的斜面车。该车前后轮之间装上木板，后轮高大，前轮矮小，这样就构成斜面。斜板高端置一滑轮，在后轮轴上系紧一绳索，通过滑轮将绳的另一端系在斜面重物上。要想升高重物，只要轻推车子前进即可。这个斜面引重车本身就是应用斜面省力的原理，还利用了定滑轮可以改变力的方向的特点。

① 叶瑞宾. 龙骨车与中国古代农耕实践［D］. 苏州大学，2012.
② 汪珍. 用滑车改良新式翻车图说［J］. 安徽实业杂志，1919（28）：1-3.
③ 丁韪良. 格物入门：力学卷［M］. 北京：京师同文馆，1868：43.

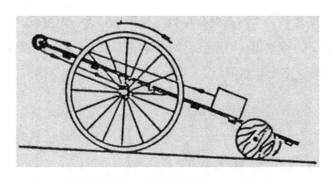

图3-14　斜面车（《墨经·经下》）

双尖劈的应用：尖劈与斜面的力学原理相同，有单面的、双面的。双尖劈是指双面的尖劈，如斜面一样，使用较小的力就能把木头劈开，是一件省力的器具。尖劈除了劈分木石外，还可用于掀起重物。我国古代就有对尖劈的应用记录，石器时代所打磨的各种石器，都是利用了尖劈的原理，如石斧、石刀、骨针等。《唐国史补》卷中有：苏州重玄寺阁，一角忽垫，计其扶荐之功，当用钱数千贯。有游僧曰："不足劳人，请一夫斫木为楔，可以正也。"寺主从之。僧每食毕，辄持楔数十，执柯登阁，敲椓其间，未逾月，阁柱悉正。[1] 足见小小的尖劈作用之强大。

六、弹力实验

"跃力"即现代物理学所说的"弹力"，跃力架和跃力框是用来演示物体的弹力状况的实验仪器。"无跃力之物相触，既遇则必相附而行，有跃力的物体相互碰撞后，就会分离开来。或此物较彼物为慢，至倒行者有之，与静物相触，小则慢，大则返，等着止。"[2] 这里所说的是物体碰撞的完全非弹性碰撞（即"相附"），以及完全弹性碰撞的几种情况。

（1）传力球实验。传力球实验（图3-15）的小球传递的是它的动能，反映的是机械能守恒定律，显然丁韪良并没有把力和能区分开来。"甲乙等重两铅

① 李肇. 唐国史补［M］. 上海：上海古籍出版社，1979：1.

② 丁韪良. 格物入门：力学卷［M］. 北京：京师同文馆，1868：21.

球，并悬于支架之下，半圆上刻有度数，让甲球移远一定度数，放手后，甲球与乙球相碰撞，乙球移相应的度数，知甲球失多少力，乙球得多少力。"[1] 两个球可以传递能量，多个球亦可。

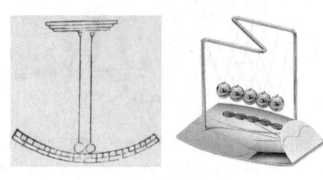

图 3-15　传力球

（2）跃力架和跃力框实验。物体的弹性回复能力是不同的，物体之间因为有摩擦等原因不可能有完全的弹性碰撞，跃力架就是测量物体这种能力的仪器。首先记录下物体在跃力架上的高度，将物体自跃力架上自由落下，等物体回复到最高点上时，记录下回复高度，将回复高度除以原高度，就是物体的回复比。同时也可判断物体的弹性限度，还可做一些简单的物体弹性碰撞实验，如同等大小的球相互碰撞判断它们的速度大小和方向。

七、小结

力学器在文会馆实验室中有着比较特殊的地位，因为力学知识几乎贯穿于整个的物理教学和实验之中。文会馆实验室非常注重西方科技知识与中国原有技术设备的结合，但它的这种结合并不是一种本土化的倾向，而是用西方科技知识来解释这些设备及其原理。如力学器设有欹器，这种中国非常古老的传统祭祀仪器，并用重心知识解释了它的原理。再有力学器还设有翻车这样的中国本土的灌溉设备，目的还是要让学生毕业后立足本地，懂得翻车的原理，会使

---

① 丁韪良. 格物入门：力学卷［M］. 北京：京师同文馆，1868：19.

用、会维修，对学生就业和当地的农业发展都有好处。这也突出表现了文会馆物理实验教育讲求实用性的特点。

第二节　流体力学实验

登州文会馆最初的物理教材是《格物入门》，狄考文对《格物入门》并不满意，它毕竟只是一部入门级的教科书。因此，当赫士来华后，采用《初等物理学》作为教科书。下面依据《格物入门》第 1 卷《水学》和《初等物理学》第 3 版和第 14 版的物理知识，来研究登州文会馆的水学实验室建设情况。水学（流体力学）的目的是研究流体的特性，并应用于国民生产生活，"何为水学，所以讲求水性以利民用"[①]，内容涉及分子运动论、液体压强、大气压等知识。

登州文会馆实验室之水学器材包括：喷水狗、压水管、压水球、间流泉（气学器中的实验仪器，也被应用于水学实验）、无轮水磨、平常水磨、水力上托架、喷水马、提水管、毛孔片、压力筒、奶轻重表、水跃力筒、银淡养轻重表、大水斗、轻重表、毛孔管、压柜、同体水称、巴玛压柜、压力六面球表、搅水龙、密率表、过水瓶、鬼瓶、救火水龙、湍大勒杯、水锤、酒精、虹吸、葫芦瓶、铜浮表、玻浮表、汽船水轮、试水涨球、光铁射水器。[②]

一、流体静力学实验

流体静力学实验涉及分子运动论、液体内部压强、液压传动等诸多知识，《水学》都是通过一些浅显的实验加以验证，并用这些原理进一步解释生活中的现象。分子运动论是俄国物理学家罗蒙诺索夫于 1745 年提出的，但是直到 19 世纪，该理论才得到迅速发展。《水学》在写作之时正是分子运动论迅速发展但还不是很完善的时候，因此该书并没有讲解全部的分子运动论理论，而只是对于日

---

① 丁韪良. 格物入门：水学卷［M］. 北京：京师同文馆，1868：36.

② 王元德，刘玉峰. 文会馆志［M］. 潍县：广文学堂印刷所，1913.

常生活密切相关的内容有所涉及，相对应的实验验证也大多与日常生活有关。

（1）液体的表面张力实验。"水之涓滴有相吸之力否？"回答用了两个方法，一是举了生活常识，草之露珠；二是用极细的干的小金属丝验证。显然本题涉及液体分子间的表面张力，现在物理教科书仍在使用这两个方法，只是小铁丝实验往往换成了硬币。

（2）毛孔管实验和毛孔片实验。这是通常所说的毛细现象，其实质与液体分子间的表面张力有关。液体表面类似张紧的橡皮膜，如果液面是弯曲的，它就有变平的趋势，因此凹液面对下面的液体施以拉力。植物的根茎吸水就是一个典型的毛细现象的例子。实验中，作者并没有解释这种现象的原理，而是直接用两个实验进行了验证，也体现了入门级的教科书特点。文会馆实验室有毛孔片和毛孔管两套装置。

（3）液体压缩实验。"水与气之涨缩何法实验？"这一提问是涉及了分子运动论的分子之间存在着间隙，气体分子间隙较大，便于压缩，液体间间隙较小，斥力较大，不易压缩。所用实验仪器是压水管和试水涨球，实验原理：用竹筒以活塞堵住两头，加压，如果里面是气体，则容易压缩，如果里面是水，则不易压缩，试水涨球原理是一样的。

（4）连通器实验。连通器的原理是"则静水之面必平而不侧"。验证之法是流与源可平，即连通器，即使最常用的茶壶也能很好地演示。"西国"根据连通器原理"使水自流入于比物之内"，"虽墙高数层亦能流入"。文会馆还建有中国早期的自来水供水系统。《水学》第二卷流水学部分讲到行舟过山法，也是源于连通器原理，与现代的水闸过船是同一个道理的。

另外连通器一个重要的应用是虹吸现象。"虹吸者具有长短二臂之曲管，乃利用大气压力，将高处之液，移于低处所用之器也。以虹吸之短臂置入上器内，而令长臂之口在其液面以下。今自长臂之口稍吸之，令液满管中，则液自流入下器不绝。"[①]虹吸本身就是大气压和连通器原理的一个特殊应用。取两个容器，若容器内液面高低不同，现用管子将两器液体连通。在液体自身重力和大气压双重作用下，两容器会有保持液面持平的运动趋向。我国汉朝时期的虹管灯就

① 王季点，陈学郢. 新式物理学教科书［M］. 上海：商务印书馆，1915：48.

是虹吸现象的具体应用，其灯体有虹管，虹管实为导烟管，灯体为带空腔的容器（盛清水），灯罩内的烟火通过虹管导入灯体并溶于水中，可用来净化空气。文会馆实验室就有虹吸装置（图3-16）。另外文会馆实验室中的仪器葫芦瓶可能是虹吸壶的一部分，这个需进一步考证。

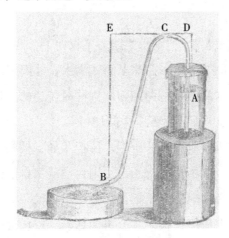

图3-16　最初的虹吸装置[①]

（5）水称。水称是"以玻璃管盛水，吹出气泡，管若微侧，则泡向上行，必得其平，而后居中不动。"它是利用水平面的原理制成的，为测量地势是否水平的仪器。"今之造屋宇掘河道，凡欲得其平者，莫不用之。"[②]文会馆实验室有同体水称（图3-17）；在当时的西方，水称被广泛应用于测绘、建筑等行业，也是最早的水平仪。

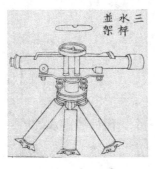

图3-17　水称[②]

①　王季点，陈学郢. 新式物理学教科书［M］. 上海：商务印书馆，1915：48.
②　丁韪良. 增订格物入门：水学卷［M］. 北京：京师同文馆，1889：5.

二、液体内部压强实验

液体内部压强的实验主要是用来研究液体内部压强的传递以及与深度之间的关系的。

（1）压力六面球表实验。"则水之压力不仅向下，四面皆同"。所用实验仪器为压力六面球表（图3-18），在球里面盛满水，外面用活塞加压，则水从球的各个空射出，证明水的压力是向四面八方同时传递的。现代物理学认为水传递并不是压力而是压强，而且沿各个方向均相等。

（2）液压理论的重要应用——压柜。压柜状如二桶相连，一大一小，桶中各用活塞，储水令满。以小桶活塞压之，则大桶活塞自能顶起。如此桶大于彼桶十倍，则上顶之力必加十倍。压柜往往应用于运输一些丝麻等货物，压坚实以便装载，则大桶之上需加托板，其上再加悬板，以物置于两闲而压之，便于包裹装运多多矣。[①]实验室还有当时被西方广泛应用的巴玛压柜（图3-19，现代千斤顶的原型），这套装置应该是由狄考文自己仿制的。

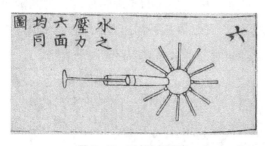
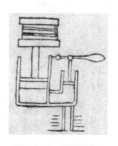

图3-18　压力六面球表　　　　　　　　图3-19　巴玛压柜

（3）帕斯卡裂桶实验。1648年，帕斯卡（Blaise Pascal，1623—1662）做过一个著名的实验：他用一个密闭的装满水的桶，在桶盖上插入一根细长的管子，从楼房的阳台上向细管子里灌水。结果只用了一杯水，桶就被压裂了，水从桶的裂缝中流了出来。但文会馆志中没有提到这一实验装置，只是书中有插

---

①　丁韪良. 增订格物入门：水学卷［M］. 北京：京师同文馆，1889：7.

图，会不会是实验室中的湍大勒杯，还需要进一步考证。研究液体压强与深度的关系，"三纲所言，水势愈深压力愈大，此理何法验之？"实验室装置是水跃力筒，通过这一实验直观形象地告诉学生，水深与水压之间的关系，这一实验在中学阶段仍然被广泛采用。

《水学》还讲述了水压原理的应用如"涉水愈深，船底宜愈坚固"，这一点已经非常接近现代教科书的表述了。书中还利用这一原理解释了一些生活现象，如山泉水道堵塞使山体崩裂等。

三、液体浮力实验

（1）阿基米德定律实验。实验仪器为水力上托架（图 3-20），此物理仪器也应该是狄考文自己仿制的。文中还讲了阿基米德定律的应用，"人所不能举之石，于水中即易移易动"，课后题（杂问）第七问："古时有王，令以黄金制冠，工甫竣而疑之，旋有博物之士，以冠浸于水，验其有铜，且权其多寡。"简短的几句话就介绍了阿基米德定律的由来，那位博物之士就是阿基米德。

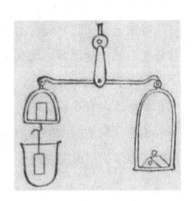

图 3-20 水力上托架

（2）液体浮力的原理实验。"水势向上倒压之力"，做法是"用两头通之玻璃管，下托一分厚之锡片用绳系之上通于管，一手执之，沉于水中一寸有奇，松其绳，其片即能不坠，以水有上托之力也。"这个实验并不好做，锡片和管之间很难保证不漏水，而且用细绳系锡片时，很容易造成地漏，造成实验失败，书中并没有关于该实验的注意事项。而现在通常的实验与此相仿，只是锡片换成了橡皮膜，橡皮膜的弹性好，而且面积大，压强的微小变化足以引起 U 形管液面的明显波动。

这个实验虽然简单，却有其实际的意义所在，当时人只知道木头可以漂浮于水上，而不知铁等重金属也可以，所以并不理解洋人之铁甲战船如何漂浮在水上。这一装置可能就是实验室的鬼瓶。至于其第三种验证方法，用水银验证有大气压的原因"此天气托之耳"，而且水银有毒性，易挥发，文会馆实验室并无此装置。

（3）密度计与轻重表实验。文会馆实验室还有密率表，应该是一张挂图，而不是仪器，是密度相对于水的比率的一张图表。文中有两问是这样表述的，"油酒等物以水权量应用何法""金银珠宝等物，以水权其轻重应用何法"。文会馆实验室中的铜浮表、玻浮表就是密度计，只是强调其制作的材料在《水学》中以水的密度作为参考，所谓的水权法，即是利用水来测量物质的密度，使用方便，是用水的密度的倍数来衡量物质的密度大小，但其测量精度不高，只用于粗略测算和定性考量。

轻重表的实验原理与水权法相同，是一种借助水的浮力和密度知识来称量物体重力的一种仪器，现在早已被弹簧秤所取代，在当时计量方式较少的情况下，轻重表的应用有着积极的意义。如酒轻重表（原文为奶轻重表）特别是广大乡镇地区，有着重要作用，"以验酒之厚薄也"主要看酒精的含量多少，酒表可以迅速直观地测量酒精的含量，来判断酒的质量。银淡养轻重表并未查到为何物，也未找到相应的图片。

四、流体动力学实验

在讲到"流水学"时，《水学》首先利用之前的水跃力筒演示水压不同，从而造成水流"疾徐多寡"不同，因而"以水计时"并不准确。接下来就讲了节水管。

（1）节水管实验。其原理是制一木球，浮在水面上，管内置合页，中间以杠杆相连，水位低，球下落，合页开，水自流；水位高，球上升，合页关。文会馆实验室记录为压水球（图3-21），这一应用装置非常有趣，实际上是一自动补水系统。在现代的生活中节水管的应

图3-21 压水球

用也很普遍，现在的牲畜自动饮水器，原理与节水管完全一致，只是多加了一个连通器。当水槽内没水时，浮子会下降，使节水管升起，水管向水槽内注水，这样牛、羊等牲畜就能喝到水了。当水槽内水多了以后，浮子会浮起，同时带动节水管下降，关闭水管，这样水槽内的水就不会再增加了。

（2）提水管、压水管及吸水管。提水管只是在井不甚深的情况下汲水，其介绍也相当详尽："用一竹竿竖立井中，管内上安活塞，其上有柄，可以使之上下，底有上开合页，若向下一按，则合页自开，水流入管，向上一提，则合页自关，而水流跃矣。"吸水管一如提水管之式，可以于井深时使用，并应用了"吸气管"即大气压的原理。压水管适用于深井作业的情况，"虽数丈之高，亦能使之上跃也"。为了进一步提升压水管的工作效率，作者还提出了给压水管加压柜和加气箱的方法，以及一种被称为取水"尽善"的方法，即结合吸水管和压水管的取水方法的双行吸水管。

（3）非常实用的浇地工具——搅水龙（图3-22）。"西国古时所用浇地器具也，以铁管曲之，使盘绕于长轴之上，一头置水中，于岸上持其柄而转之水自循环围绕而上。"[①]在当时中国水利条件还很落后的时代，使用搅水龙可以迅速提高工作效率。对于搅水龙的工作原理，《水学》中只是说"其实水仍顺性流下，所以能上者，因旋转之故，如提之上升也"。并没有做详细的解释。搅水龙与明末引进的龙尾车原理是一样的，都是运用了阿基米德螺旋原理。约公元前1世纪，阿基米德在埃及发明一种螺旋水泵，被埃及人广泛使用，这种水泵称为阿基米德泵，是最初的龙尾车。明代万历时期，徐光启和意大利传教士熊三拔译著《泰西水法》一书详细介绍了龙尾车的原理和使用情况，"龙尾者，水象也，象水之宛，委而上升也。"[②]龙尾车结构比较复杂且要密封在滚筒中，制作和维修都有难度，虽然机械效率很高，却始终未在中国发展起来，而搅水龙则是用盘绕的水管代替滚筒，既便于操作又提高了工作效率。

文会馆实验室应该是仿制的这件实验应用器材，搅水龙相比龙尾车的制作使用流程要简单的多，以狄考文的能力轻而易举就可仿制出来。

---

① 丁韪良. 增订格物入门：水学卷［M］. 北京：京师同文馆，1889：28.

② 熊三拔，徐光启. 泰西水法［M］. 长沙：岳麓书社，2002：249.

图 3-22　搅水龙[①]

（4）喷水马和喷水狗实验。喷水马"亦能令水自然上跃，数日不停"，"如箱内水多，虽终日亦涓涓不绝……俗名西洋水法。"喷水马也是利用压水管原理制成的。而喷水狗实验原理与喷水马有所不同，"用玻璃罩，盖令极严，中置一管……天气压于桶中水面……"可见喷水狗是利用大气压原理制成的。

五、水磨装置

（1）平常水磨和无轮水磨。"造一转轮，设有机关，借水力旋运，凡碾谷锯木一切琢磨动荡等事，皆可用之。"水轮是利用水力代替人力做功的机器零件。平常水磨即是用常见水轮带动的水磨，在江南地区比较常见。而无轮水磨（图3-23）的工作效率更高，也更不易损坏。"以磨置于木架之上，磨下安一长柄，下设活槽拖住，以便旋转，柄外以管束之……水势湍急，由二孔反正流出，因水力相拗之故，自能将柄运动，则磨随之而转矣。"显然无轮水磨是利用水的反冲运动所制，《水学》由无轮水磨进一步扩展到火轮兵船，文会馆实验室还有汽船水轮的仪器，可谓难得。但文中并未涉及动量定理的内容，而是就事论事简单讲述无轮水磨的结构和原理。

---

① 丁韪良. 增订格物入门：水学卷［M］. 北京：京师同文馆，1889.

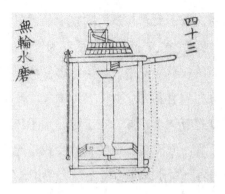

图 3-23　无轮水磨[①]

（2）水碓（原文是水锤，应该是笔误，因为水锤只是一种水击现象）。"转轮二具，同在一轴，一轮在水，籍水力以旋转，一轮有齿，转运踏动碓尾，一起一落……舂米、打铁、凿石均可用之。"舂米是极其繁重的劳务，舂一臼米，要花近一个钟头。不少人舂得大汗淋漓，喘气不已。利用水碓，可以日夜加工粮食，使人从繁重的劳作中解放出来，水碓需要设置在溪流江河的岸边，根据水势大小可以设置多个水碓，两个以上的叫作连机碓，最常用是设置四个的连机碓，《天工开物》在粹精第四部分攻稻，绘有一个水轮带动四个碓的画面。由此可见《格物入门》这本书是结合了当时中国的技术工具特点写成的。

《水学》最后对如何建大型的船只修理厂做了描述，"于近海港之处，掘以深坑，将大船随潮水放入，俟潮退水涸后，将口门闸住，已在陆地也。"与以前维修船只要将船拖上海岸相比，省时省力多了。对于海浪与水流关系，"浪前行，并非水前流也，不过水面改换形式耳。"水浪是一种横波，海浪上下起伏而非前后运动。作者只是做了浅显的说明，而非理论性的解释。

六、《水学》及其实验室的特点

登州文会馆的水学实验室仪器非常丰富，几乎所有《水学》中提到的实验都能做，包括演示实验和学生实验。还有一些实验仪器暂时无法考证，如银淡

①　丁韪良. 增订格物入门：水学卷［M］. 北京：京师同文馆，1889.

养轻重表、水瓶、鬼瓶；至于大水斗是大的盛水的器具，属于实验中的辅助仪器；还有如酒精，水权实验中就有酒精与水的相对密度的比较。

文会馆师生在长期的教学实践中，也给很多仪器起了他们认为更好理解的名字，使辨别它们出现了一些困难。如"压水球"，教材上称节水管，这件仪器最明显的一个特点就是有一个木球，它上浮，水不流，它下沉，水流出，所以简称压水球，非常直观。但没有长期的教学实践是起不出这些名字的。有的则属笔误，如"酒轻重表"写作了"奶轻重表"，"水碓"写作了"水锤"，水碓是一种舂米的工具，水锤则是一种水击现象，不是一种物品。在《格物入门》第二卷《气学》中有间流泉的介绍，那只是一种大气压和连通器原理共同造成的自然现象而已。

水学实验器材大多是狄考文自己仿制的，有一部分比如玻璃仪器，当时国内还不能生产，应该是买自海外。《水学》的内容涉及很广，有大气压知识、水的压强的特点、浮力、分子运动论、液体的表面张力、液压传动等，牵扯力学的内容非常广泛，在没有必要力学知识的基础上是不可能做到全面的解释的。但是其"讲求水性以利民用"的目的下，表现出很多不同于一般教材的特点。

1. 西方科技与本土技术的融合

《水学》是一部传播西方科学知识的著作，里面有很多西方先进设备的介绍及其实验，但同时也有当时大量的中国本地的生产生活设备的讲解，并务求用西方科技知识解释这些技术设备的原理。

书中介绍的西方科学技术知识既有古代的也有现代的，但都是比较成熟的科技知识。如用水力上托架来验证阿基米德定律，虽然是一个经典实验，但实验仪器却和同一年出版的《初等物理学》英译本一致；还有同体水称，是当时欧美最为常用的测平仪器；巴玛压柜原理虽然简单，但用途非常广泛且要求精度很高，在当时没有先进车床技术的条件下，制作这些仪器确实需要花费很多精力；使用了200多年的救火"洋龙"[①]——水铳，也越来越不能适应楼房的消

---

① 李采芹. 中国消防通史［M］. 北京：群众出版社，2002：895–899.

防需要，救火水龙车的出现大大缓解了这种压力，它机动性更强，水压更大，也更便于操作。从以上的实验仪器设备不难看出，《水学》中的内容和文会馆的仪器都是同时期欧美地区同样先进的，丁韪良和狄考文这两位传教士将这些技术都毫无保留地传到了中国。

《水学》中提到了中国传统的生产生活装置，这应该与丁韪良在中国的经历不无关系。丁韪良于 1850 年 4 月 10 日抵达香港，短暂停留后，到宁波传教、学习、办学达十几年，直到 1864 年到北京。[①]在此期间，丁韪良传教过程中必定接触过很多江南水乡的生活设施。如文中提到的水碓、各种水磨，这就激发了他用《水学》的知识加以解释，这种本土化的研究和教学，更加有利于水学知识在中国人中的认同感，因为这些器具就是他们每天用到的、接触到的，如果学生再学会一点简单的维修，很容易给周围的人以学有所长的感觉，也就更便于自己的教学和传教。

2. 注重实际应用，理论必以实验为基础

《水学》的编写既采用了近代物理学理论和实验相结合的原则，又吸收了中国古典科技书籍注重实际应用的方法。书中几乎每一问答之后，必有"何法实验"，很多验证并非一法，再到生活实际的运用，这种理论——实验验证——实际生活应用，与现代物理书籍的编写方式非常接近。如研究液体压强的特点，作者首先言明"水势愈深，压力愈大"这一理论，然后用水跃力筒进行实验，虽然实验有点简单，却一目了然讲述了很多人以为是不祥之兆的山体崩裂的情景实际上是"水力催压之故"。理论、验证、应用一气呵成，论证严密，逻辑性很强。笔者认为"水力催压"的水应该是泥石流。

3. 入门级定性描述

尽管《水学》的实验涉及很多知识，包括大气压、浮力、压强、分子运动论等，但毫无疑问，它只是一部入门级的物理学书籍。

---

① 丁韪良. 花甲忆记［M］. 沈弘，恽文捷，郝田虎，译. 南宁：广西师范大学出版社，2004：16-19.

实验仪器大多过于简陋，很多实验仪器还用竹筒，很难排除实验误差，甚至导致实验失败。如水与气体的涨缩实验就用的是竹筒，很难保证竹筒没有微小的裂缝，在高压下，有漏气甚至爆裂的危险。再如水碓和水磨实验，作者仍然沿用了竹子作为实验材料，造成摩擦力等因素对实验的影响较大。

实验过程不够全面，实验原理大多解释得不够完整甚至不准确，实验结果的分析大多只是定性说明，仅有的实验数据记录也显得过于粗糙，得不出准确的结果。大多数实验都没有对实验仪器的操作做必要的全面的说明，仅仅是给一张图片而已，学生应该注意哪些事项，都缺乏明确的表述，实验结构不是很严密。

物理名词不够准确。如压强，说成压力，在讲解压柜的原理时，就不能很好地解释为什么压柜面积大的一面用的力要大，面积小的一面压力小。再比如物体的密度，用轻重表示，与重力混为一谈，物体沉入水底，就说物体比水重，显然是不正确的，与后面用轻重表测物体的重量相较，就显得比较混乱。当然这都是当时没有统一的物理名词规范造成的。

综上所述，《水学》涉及的物理知识非常广泛，虽然它只是一部入门级的物理著作，但它的理论都有实验验证做保证，它的实验与登州文会馆的实验室高度契合，更增加了这本书的实用性。

第三节　《重学》中的实验应用

在西方科学中，力学是最早独立的一门学科。在前面两节较为详细介绍文会馆的力学器与《水学》的实验内容后，笔者将与晚清时期出版的一本重要的力学译著——《重学》中的实验做一比较，以期更全面反映当时传入中国的力学实验情况。

在中国最早系统介绍力学知识的著作是惠威尔著，艾约瑟、李善兰合译的《重学》。《重学》是当时西方的力学名著，从理论推导到习题计算再到实验应用，内容包括静力学、动力学、刚体力学和流体力学等。[①]近代西方物理和力学的要点有两个方面，一是实验，二是数学推理。受当时中国的条件限制和学术传统影响，《重学》之前的著作，几乎都是采用数学推理的研究方法，很难找到对实验及其应用进行研究的著作。《重学》作为一部经典物理学翻译著作，对当时许多物理实验做了介绍。然而由于当时的人的思维习惯和实验条件所限，《重学》中的物理实验更多的是以实验应用的形式出现，这是其不同于现代物理教科书的特点。

一、《重学》中经典物理实验和实验的本土化倾向

作为一门实验科学，从阿基米德定律到大气压的测算，物理学的每一步发展都离不开物理实验。《重学》中的实验还是过于强调实验结论及其应用，对实验过程讲解较少。

1. 对经典实验的介绍

《重学》中的经典实验往往是和某位科学家联系在一起的，很多经典实验只是说明其结论及应用，对其实验过程大多一笔带过。指出"亚奇默德"（亚里士多德）创立重学，"伽利略"发现自由落体运动。"两物相撞之理为英人瓦利斯考"，"获时钟摆线之理为荷兰人海根斯考"，"获抛物之径路、水液两质之流动，并物力互相吸引之理者为英人奈端。"这里提到的分别是华里斯、惠更斯、牛顿。还有多利遮里（托里拆利）实验，弥底（阿基米德）定律、巴斯加（帕斯卡）实验、波义耳（玻-马）定律、瓦德（瓦特）的贡献。

卷八提到自由落体运动："试将二物，一轻者为羽毛，重者为银，在风气中下坠，则一迟一速。在无风气中下坠（用法取尽器中风气），则其速同，无少参差也。"这是伽利略著名的自由落体运动实验，其中风气指的是空气。指出轻重物体不能同时落地是因为空气阻力造成的，这段话还提到"用法取尽器中风气"，其中的器指的是什么器呢？文中没有提到，原文也没有说明。由于原著

---

① 骆炳贤. 中国物理学大系：物理教育史［M］. 长沙：湖南教育出版社，2001：65.

是物理教材，查证其用实验器材为牛顿管，因此这里所说的实验，应该是用牛顿管验证伽利略的自由落体运动理论。

卷十九介绍托里拆利实验："明崇祯十三年，伽离略始测定气之重，其门人据此以发明恒升车水升之理。测气之器，即风雨表也。其法用玻璃管，长英尺三十二寸。两端一通一塞，满贮水银，倒植水银器中。管中水银必下降。最卑至二十八寸，最高至三十一寸而定。"其中"门人"即托里拆利，他曾是伽利略的学生，并继承伽利略任佛罗伦萨大公的数学和哲学顾问。"若非同平面高卑之准，而以海面为准者，更精更确，此必以风雨表测之，如在海面，水银高二十九寸九分二厘二毫，至山上水银必降。"其中水银高度正好为一个标准大气压（760毫米汞柱）。

卷十九还提到一些演示实验，如演示大气压实验"倒器中能令水倒悬不出者，因器口有气抵力抵定故也。试以有底之管，贮水于中，以底向上倒悬之，水必不出，若以法令水面不动，各点俱定，则无论器大小，俱可倒悬，水必不出，试用玻璃碗满贮水，贴纸于碗口，徐倒之，纸下有气抵力，必能令上面之水不出，盖用纸贴之，能令水面诸小点不移动故也，若以此器平覆几上，去其纸，水犹不出，微举离几，水即尽出于几上。据此可明吸酒管之理。"这个玻璃碗大气压实验，现象明显，简单易操作，不需要复杂的实验步骤而且实验仪器更容易得到，原著和译著中均未提到谁最先做的这一实验，但是它直观明确地说明了大气压不但存在而且很大。

卷十九连通器原理"试用相同多器列于平面，大小形状不必同，以水入一器必通于诸器，且其面必彼此相平。"并解释其原因为"一个平面上诸点距地心等，则地心力加之亦等，所以诸点不在一个平面不能定。"

卷十九这样提出玻义耳－马略特定律："凡气之冷热不变，则涨力大小与所处空体之大小恒有反比例。此理英国鲍以勒始发之。"鲍以勒指玻义耳，这里指的是玻－马定律：一定质量的气体，温度不变，压强与体积成反比。因为英文版原著中只承认英国人波义耳发现该定律，而不承认法国人马略特也同时发现该定律，所以文中没有提到马略特。

2. 重心实验

在内容中明确提出了各实验的名称，以及与实验有关的科学家，这在特别重视理论讲述和数学推理的《重学》中是很少见的。而多数情况是以实验应用的形式存在，尔后分析演绎、数学推理。如讲解重心时，在卷五重心第一款有"凡合质体无论以何方向定于一线重心比在此线上。……方能令合体定而合体任何方向定于一线，不可云此线不过重心也，合体不能有二重心，所以任何方向合体定于二线之交点。""设令无数质点为一体，定于直线则两边各质点重距积之和必等。重距积者直交重心面之线乘本重所得之积也。"重心的知识明末清初已传入，而且是当时研究的一个热点问题，一些中算家对此进行了深入的研究，《奇器图说》也有所涉及，只是没有完整介绍其原理，也没有从实验的高度去讲述这些内容。重学所论的知识更加系统、全面，更具近代科学特征。所以诸可宝评价《重学》时指出"盖自此书出，而明际旧译之《泰西水法》《奇器图说》等编，举无足道矣。艾氏之功，诚伟已哉"。

邹伯奇在《求重心说》中"如有器物横柱参差，及雕镂玲珑难量体积者，则任以绳悬一处如辛依丁辛，依丁辛绳直垂作虚线至丙，又以绳悬一处，如庚。亦依甲庚作虚线至乙，两线交于戊，即通体重心也。"[1]这显然是悬挂法求重心的方法。但它只强调了体积的不规则性，而忽略了物体质量的不均匀性，显然《重学》中的求法更接近现代不规则物体求重心的方法，因为它指出了质量不均匀的物体（合质体）和不规则物体均可以用此方法。从原著与译著的比较可以看出，李善兰在翻译《重学》时，有一些地方做了删减，但对于这部分经典实验的翻译还是与原著保持一致的。而对于一些物理理论的本土化实验应用则变化较大。

3.《重学》中实验应用的本土化倾向

这种实验应用在《重学》卷首尤为突出，《重学》之前简单机械的知识基本

① 李迪、白尚恕. 我国近代科学先驱邹伯奇［J］. 自然科学史研究，1984，3（4）：379.

传入我国，而且比较全面，但是《重学》中的这部分知识更加系统，而且本土化的倾向特别明显。[①]如插图中的人物也都是带着发辫的清朝民众，其次是举例说明的器物往往是当时人们日常生活中的必备用品，还有举例中的度量单位也都是清朝当时正在试用的。

例如对杠杆的实验应用总结，《重学》卷首中指出："假如重与重倚距已知，亦知力倚距，求加若干力。令力重相定法，以重乘重倚距，以力倚距约之，所得即力数也。如重十斤，重倚距十寸，相乘得一百，以力倚距二十寸约之得力五斤。此力之能率若一与二重倍于力也。凡木工用木杆移木，石工用铁杆移石，皆是理也。"可以看出对于杠杆的认识已远远超出以往的经验总结，而且对力的大小以及力矩做出了明确的定量说明，书中的插图显然是经过实地观察实验应用才画出的。

对于剪刀和天平的说明，则是用来既介绍器物的原理，又进一步验证杠杆的工作原理"凡器有二股着，皆合此种杆理。日用所恒需者为剪刀。所需之物为剪刀。所剪之物即重，指力即力，力销即二股之公倚点也。"

"天平亦合此种杆理，杆之两边相等，点恰当重心，故两边相定。申为线着于小轴，以悬甲乙，杆己为倚点，倚点两边甲己乙己相等，故杆转动于小轴甚易。"等臂杠杆最重要的应用是天平，天平是支点在中间的等臂杠杆。根据物体重力的关系，以及杠杆的平衡条件，分析和说明了天平平衡时两物重力相等的道理。

杆秤是利用杠杆原理来称质量的简易衡器，由木制的带有秤星的秤杆、金属秤锤、提绳等组成。杆秤的工艺在中国流传历史悠久，应用非常广泛，而且杆秤还是一个极为理想的实验材料，对于讲解杠杆的原理更有说服力。所以对杆秤的介绍极为清晰明确："秤，亦此种杆也，重倚距与力倚距恒不等。重增，力倚距亦增；重减，力倚距亦减，以相定也。丙为倚点，倚点如轴，令杆易传，甲丙为重倚距，物为秤盘所以承重，丙之右边，分为若干等分记，以一二三四等，已为权，有一定重悬于杆，可任意进退。欲知盘中物重若干，则进退其权，

---

① 聂馥玲. 晚清经典力学的传入——以《重学》为中心的比较研究［M］. 济南：山东教育出版社，2013：49–55.

令与物重相定，乃视力倚距若干，即知物之重，假如已重一斤定于三点，则物重必三倍于己为三斤也。余可类推。"

"又如二人扛物，物或加杆上，或悬杆下不论。譬如肩与半在杆上，半在杆下，或如图杆一箱全在杆下，理无异也。凡扛物二人互相为力，亦互相为倚点，重在中间，则两边用力等，若移近此端，则此端用力必多于彼端，愈近则用力愈多，两边之力与两力倚距恒成反比例也。设大人与小儿同扛一物，欲小儿不费力，当移物近己。又设车衡连于车身之点，若非正中系马于两端，用力必不能等。"形象地说明了两人抬物体的受力情况。

"又如推车，轮着地处即倚点，车身及所载物为重，人执二柄之处，即力所执处，距车身远近异，则轻重异议。然推车之难易，又视倚点上之重而异，不尽同此也。"推车人形象生动，力矩、倚点一目了然。

在卷首这部分最为生动有趣的实验要数关于定滑轮的一个应用了。在图中一人满心欢喜地用定滑轮将自己拉升起来，自己将自己拉升，是以前很多人想都不敢想的。而且指出其实用性，在维修很高的房子时更加方便高效。"定滑车有一妙用，有索过滑车，其一端作一套圈，人坐其中，而拉其又一端，能令己身上升。若再加一动滑车，则拉力更少一半。西国石工、泥工修高屋恒用之。滑车之功用，因索之各处力俱等，故能减小人力又能改拉力之方向。"

二、《重学》的实验应用的影响

1. 试题中的实验应用

《重学》虽然对实验应用并不是很重视，但是其一经刊出，理论知识就被用来解释实际生活的现象，很多实例体现在同文馆的格致考试试题和作业上面。

凡格致之学有七：一曰力学，审吸压之理以利于用。有重学斯有力学，天气压于上，地气吸于下，见重斯见力矣。[①]《重学》翻译之后，成为学校教学和

---

① 朱有瓛. 中国近代学制史料：第一辑（上册）[M]. 上海：华东师范大学出版社，1983：12.

师生用书中不可或缺的书籍，也成为格物类考试的重点。虽然当时的教学无任何的实验仪器或演示教具。但是很多试题非常接近生活，又是《重学》的原理，促进学生实验和思维的发展。京师同文馆代表了当时的格物教学的较高水平，同治十一年（1872），格致岁考题有：

以水力积气开凿山道，其机各式若何？

以水为则而权物轻重者，其理法若何？

测算汽机之力，其式若何？其理若何？

蒸汽有力可用，由何而生？

瓦德之汽机胜于前者，于何见之？（其中瓦德即是瓦特）

又如同治十二年（1873），其格物考题有：

物行水中，其阻力若何？

天气之轻重张缩何如？

吸气筒之理若何？

光绪四年（1878），格物测算题有：

气学力积反比之理，试言之，并以曲线画图发明之。

有千尺之气热二百八十度，若减热三百度（法轮表）试推气缩若干？

有气球盛气万尺，热八十度，（法轮表）升空十里，减热百度，试推其气积增减若何？

光绪十二年（1886），格物测算题有：

物自极高下坠地，力时变而无恒，其求速公式，何法推之？

有百斤炮子以一千六百尺之速击铁甲船，试以尺磅推算其力。

炮子轰击土城，若倍其速，必深入四倍，试明其理。

船有铁桅，必为空身，试言其故，并算其空身与实体者强弱比例。

其中炮子轰击土城的试题，显然是一种理想化的实验应用，没有考虑其他阻力的影响。

同治十三年（1874）月考格物试卷中有一道题是：

今有甲乙丙丁四人各持一绳拉重物，甲乙两人各用力百斤，丁丙二人各用力百五十斤，甲乙之间其角二十度，乙丙之间其角二十二度，丙丁之间其角二十四度，使推起共力（今为合力）若何？费力若何（指四人用力总和比合力多出者）若何？重物所行方向若何？

这是《重学》卷二"论并力分力"的内容："第一款凡分力线上辅成平行四边形，则并力线即对角线，两边为两分力方向大小率，对角线为并力方向率。"指出了用线段的长短表示力的大小："第三款凡线平行于力之方向，线之长短与力之大小有比例，在线可为力之率。"用作图法求在同一平面内的多个力求合力的平行四边形法则以及相关的应用。

这类格物考题多为用物理知识解释现实生活应用的，以及一些常见的应用计算题，这同样刺激着学生用实验或实验思维的方法解决问题。

贯荣课作：

横放炮子需若干速方永不落地：甲戊庚己地球，心为地心，吸力由此而发，甲心地半径四千洋里，丙心、戊心、庚心、己心具等，设甲乙为放炮子一秒平行之速，甲丙为地面，乙丙为一秒下坠之路一张六尺（洋尺），炮子在地球面上行无数小切线，周而复始永不落地，题为有甲心股，乙丙股弦较，求甲乙句，命句为天乃有等数。[1]

这篇课作题目显然是根据《重学》中的曲线运动和牛顿的万有引力所作，来源于著名的"牛顿大炮"理想实验，实际也用到了理想实验的研究方法。

2. 其他物理学家对《重学》中定理的实验验证

《重学》的刊出激励了一批有志于科学研究的学者，他们怀着极大的热情投身于科学研究之中，其中就包括徐寿和华蘅芳。李善兰自己也根据《重学》写下了当时很有影响的著作《火器真诀》。

李善兰在《火器真诀》自识中提到"朝译《几何》、暮译《重学》，阅二年同卒业"[2]，该书的写作，就是在这两部译作完成之后进行的，"凡枪炮铅子皆行抛物线，推算甚繁，见余所译《重学》中。欲求简便之术，久未能得。冬夜少

---

[1]　朱有瓛. 中国近代学制史料：第一辑（上册）[M]. 上海：华东师范大学出版社，1983：12.

[2]　李俨. 中算史论丛：李善兰年谱 [M]. 北京：科学出版社，1955：1.

睡，复于枕上，反覆思维，忽悟可以平圆通之，因演为若干款，依款量算，命中不难矣。"从这段文字里可以看出李氏的写作动机以及《火器真诀》与《重学》的关系。

徐寿和华蘅芳是我国近代科学技术界两位著名的启蒙人物。他们关于枪弹抛物线理论，最早载于《清史稿·徐寿传》。具体记述为：

道、咸间，东南兵起，遂废举业，专研博物格致之学。时泰西学术流传中国者，尚未昌明，试验诸器绝妙。寿与金匮华蘅芳讨论搜求，始得十一，苦心研索，每以意求之，而得其真。尝购三棱玻璃不可得，磨水晶印章成三角形，验得光分七色。知枪弹之行抛物线，疑其仰攻俯击有异，设远近多靶以测之，其成学之艰类此。[1]

在《清代七百名人传》中亦有与此类似的记述：

咸丰初，西人开墨海书馆于上海，代数几何微积重学博物之书，次第译出。是时西学初入中国，士大夫故见自封，率鄙不措意，独蘅芳与徐寿能以是相砥砺，目验手营，然无所得，器械实试，偶有疑难，两人断断，日夜不休，必求焕然冰释而后已。知三棱玻璃之分光七色也，求之不可得，乃用水晶印章磨成三角以验之。知枪弹之行抛物线，而徐寿疑仰攻与俯击之矛盾也，乃设立远近多鸽射击，以测视之。其好学深思有如此者。[2]

华蘅芳、徐寿二人完成了中国有文字记载的第一次近代科学实验——他们买来洋枪，在野外一片开阔地上划出一条长长的直线，沿着这条直线钉下一排竹竿，在竿上相同高度的地方绑上鸟，然后用枪瞄准这些鸟所组成的直线射击。如果弹道是弯曲的抛物线，那么这些鸟中弹的弹孔就会逐渐低下，后面的鸟或许就不会中弹，如果弹道是直线，那么这些鸟都会中弹，而且弹孔都一样高。[3]虽然这种简易实验在精度和效度上都存在问题。但他们这种要从实践中求真知，不迷信、不盲从的科学愿望和精神是很值得称颂的，而且也符合近代科学对实验和经验的重视。这也反映出在近代科学精神的影响和感召下，中国学术传统

① 赵尔巽. 清史稿：徐寿传 [M]. 北京：中华书局，1978：505.
② 蔡冠洛. 清代七百名人传：华蘅芳传 [M]. 上海：世界书局，1937：199.
③ 王渝生. 华蘅芳：中国近代科学的先行者和传播者 [J]. 自然辩证法通讯，1985（2）：61.

已经接受了西方传入的先进观念，重实践，重亲知，而不仅将理论层面上的义理推导作为知识来源，而是将科学实验作为获得知识和验证知识的最终标准。华蘅芳根据抛物线的原理，写下了他的第一部数学著作《抛物线说》，这是我国最早的一部几何学著作。徐寿则为这部书画了插图。[①]

忆余二十余岁时，阅《代微积拾级》，粗知抛物线之梗概，而《重学》中《圆锥曲线》尚未译出也。李君秋纫以所著《火器真诀》见示，余觉未能满意。因以积思所得者，笔之于书。徐君雪村为余作图，遂成此帙。

以上文字是华蘅芳在《抛物线说》跋中提到的，由此可以看出《抛物线说》与《重学》和《火器真诀》的关系。同时后来研究《重学》的书籍非常之多，如长沙胡兆鸾辑，光绪丁酉出版的《西学通考》，孙家慕编《续西学大成》，祀庐主人编《时务通考》《时务通考续编》，陈昌绅编纂《分类时务通纂》，以及一些算学书籍等，这些书籍大都强调《重学》的实际应用。

三、《重学》内容本土化的启示

《重学》虽然是一部译著，但从《重学》的形式、内容来看还是体现了晚清中国科学文化的本土化特征。从形式上看，体例、内容构成没有按照原著的形式安排，也没有按照原著的符号体系，而是使用了一套自创的符号体系，这一符号体系导致全书的插图、插图上的文字标识及相应的文字说明与原著相比有很大不同，尤其是数学符号和数学公式的表达，[②]甚至很多实验应用的插图人物都是带着发辫的清朝民众。

出现这种情况的原因是多方面的，其根本原因还是明末清初时，徐光启为了减小引进西历的阻力，而提出了"熔彼方之材质，入大统之型模"的主张，后来又得到著名天算家梅文鼎积极倡导和支持的"会通中西"思想。一般认为，会通中西思想对于宣传普及西方科学起了不小的作用，也取得了一定的成就。

① 王志伟. 华蘅芳的科技观研究 [D]. 太原：山西大学硕士学位论文，2011：35.

② 聂馥玲. 晚清经典力学的传入——以《重学》为中心的比较研究 [M]. 济南：山东教育出版社，2013：49-55.

但是这一思想对吸收外国科学有着非常大的不利影响。会通中西的做法在本质上并没有完全理解西方科学的精神实质。中西科学体系各有其特点、风格完全不同。例如,《重学》从内容和整书所体现的思想而言,与原著相比也有较大的差别。原著的宗旨一方面要使力学从数学中独立出来,使力学成为一门独立的学科,而不是"混合数学"的一部分或是"数学物理学"。另一方面,就是作者在书中要体现科学发现的逻辑,也即主张力学研究的方法:实验法、演绎法和归纳法。[①] 从我们对《重学》及其原著的整体内容的介绍上来看,《重学》在上述两点中上没有完全体现。而这正是现代物理学最本质的东西,也是关键所在。

李善兰试图把西方科学纳入到中国传统科学体系的固有框架中来,结果反倒是束缚了自己的手脚。如李善兰和艾约瑟用甲、乙、丙、丁等十干;子、丑、寅、卯等十二支;物、天、地、人来代替西文字母,用"微"字和"积"字的偏旁"彳"和"禾"作为微分和积分的符号,并且用这些符号来表示物理公式。如果他当时完全采用西方的物理符号和阿拉伯数字,必定会加速中国物理学发展的进程,可惜的是他没有这么做,华蘅芳和徐寿也未能有所突破。这对于科学技术严重落后于世界的晚清而言,损失是巨大的。20世纪初出版的《物理学》基本上也采用了这种表达方式,1906年出版的《近世物理学教科书》完全采用了现代的表达方式,而同年出版的《力学课编》中仍然带有《重学》表达方式的痕迹,实验插图中仍然使用甲、乙、丙、丁等汉字表示,而这时已经过去了半个世纪!

然而细细分析起来,出现这种本土化现象是有深层次的社会原因的。第一,文化方面。不管是"会通中西",还是后来张之洞的"中体西用",都试图以中国的文化体系去框限西方文明,这使得会通中西性质的本土化是单方面的,是不能成功的。因而,在清代未能创造出一个适合西方科学生存的环境,已传入中国的西方科学知识严重缺乏营养,难以成长壮大。这或许也是当时中国科学跟不上世界科学发展主流的一个重要原因。[②] 第二,政治方面。当时的政治氛

---

① 聂馥玲. 晚清经典力学的传入——以《重学》为中心的比较研究 [M]. 济南:山东教育出版社, 2013:100-107.

② 郭世荣. 会通中西思想对吸收西方科学的不利影响 [J]. 内蒙古师范大学学报(哲学社会版), 1990(1):147-150.

围对引入科学的本土化倾向的影响。鸦片战争以后，清廷内忧外患岌岌可危，"师夷长技以制夷"成为当时先进知识分子的主流观点。所谓"制夷"仅仅就是一个口号，其实就是自保，而"师夷"则具有不耻下问的意思，"长技"是说对方在某一项技能上偶有所得而已，但总体文明程度上我们更有优势。这种傲慢在很大程度上影响了学习西方科学的效果。而同时期的日本不同，日本过去学习中国，学习西方仅仅是换了个老师而已，心理障碍小，所以日本学习西方要比中国更彻底。第三，知识分子自身的眼界问题。当时中国绝大多数知识分子都没有出过国，不知道国外什么情景，只有通过仅有的一点认识和信息来判断西方的情形，大都是片面的、不真实的。像郭嵩焘那样"叹羡西洋国政民风之美"的先进知识分子毕竟是极少数的。中国的知识分子并没有做好长期学习西方的准备，他们把学习到的西方知识本土化只是权宜之计。这就造成这些本土化的知识外国人看不明白，中国普通民众更不可能看懂，在知识分子内部也不受欢迎。也正因为这样，李善兰等人翻译的很多书籍，包括《重学》这样重要的书籍，其实对当时的社会、科学、教育影响并不是很大。

　　所谓的"会通中西"也罢，科学本土化也罢，留给我们的启示：①在引进某一科学学说或者理论时，不能根据自己的喜好或者外界的压力来取舍其中的任何部分，必须是一个完整的学说体系；②如果仅仅接受先进科学成果，而不注意掌握它的思想和方法，先进成果也不会扎根，最终将一无所获；③用传统的框架束缚改造外来科学是难以取得满意的效果的；④一个真正的科学家不应当被狭隘的民族主义所绑架，应该用更广阔的胸襟和前瞻性的眼光来看待事物的发展。

第四章
热学实验

第一节　文会馆的热学教科书
——《热学揭要》

《热学揭要》(图 4-1)是由赫士口译、刘永贵笔述的一部关于热学的教科书，翻译自法国物理教育家迦诺的《初等物理学》英译本第 14 版，是继《光学揭要》《声学揭要》之后，赫士翻译的又一部物理学教材。

图 4-1 《热学揭要》书影

刘永贵，字子芳，登州府莱阳县朱毛人士，1894 届文会馆毕业生。历任文会馆教习，郭显德牧师处主笔，湖北襄阳中西学堂教习。[①]

---

① 郭大松. 中国第一所现代大学——登州文会馆 [M]. 济南：山东人民出版社，2012：141.

一、《热学揭要》的版本和作者

（1）《热学揭要》是于1897年出版的，仅此一版，未见其他版本。《光学揭要》和《声学揭要》则可在一些综合性图书中找到。比如《光学揭要》收录于1902年鸿宝书局出版的《新辑各国政治艺学全书》,《声学揭要》收录于1899年鸿文书局出版的《富强斋丛书正全集》,《热学揭要》均未收录其中。

关于赫士为什么翻译《热学揭要》，作者在序言指出：

物之飞潜动植，赖热以生，事之陶冶煅炼，赖热以成。是以热固天地间所不可少，亦格致士所宜讲求者也。本学馆每患无简易辑本，课授生徒，故不揣简陋，西国择时纂新书，双参累年讲习，译有是本，为生徒肄业，词藻不期富丽，语意务须真挚，不欲以文采角低昂也。书中言寒暑表之处，如非特意指别，即为百度表，因此表为用甚便，西国格致书咸用之，法伦等表无论也。又每言此表不计英华尺寸，只言米利梅得，从时行也。如必欲易为华尺，是亦非难，即一梅得为三零千分之二百三十二尺有畸，又一米利梅得，或谓千分梅得，即一梅得之千分之一。即或用英尺，须知一尺有十二寸，所用原质名目，乃益智书会新定，非敢杜撰也。其与化学鉴原补编相同者，序不录。而此书所用之不同者如下：即铝改为钍……卷中习问，读者且须探讨，不可遗置，始可证读书有得否也。末附板讹，谨序。

时在光绪二十三年小阳月，赫士序于登郡文会馆之北楼下

可见赫士编译这本书的目的主要还是为登州文会馆教学使用，其他学校也可以借鉴使用。

（2）原作者法国迦诺，译作者阿特金森。1804年，迦诺出生在法国一个中产阶层的家庭，一生致力于教育工作，后来成为世界著名的物理教育家。[①]迦诺在巴黎一家私立学校教授过数学课和物理课等课程。1850年，迦诺开办了自己的学校，并出版了第1版的《初等物理学》，该书一经出版就引起广泛关注。

① SIMON J. Communicating Physics: The Production, Circulation and Appropriation of Ganot's Textbooks in France and England. 1851-1887 [M]. London: Pickering Chatto, 2011: 57-76.

仅5年之后，学校办学就获得了17500法郎收入。当年还卖出一万多册物理教科书，仅此一项就获利14000多法郎，这也使他跻身成功商人的行列。迦诺还特别重视物理实验，在他的物理书籍中几乎每一项定理或结论都有一个或几个实验验证，他还自己设计、制作实验器材，在他创办的学校内，仅一年就置办了300多种先进的物理实验仪器，这也是迦诺的物理教育取得巨大成功的重要原因。[1]

《初等物理学》出版以后，被翻译成至少12种语言的物理教科书，对物理学普及教育做出了很大贡献。[2]其中以英国人阿特金森翻译的英文版本最有影响。阿特金森受过系统的化学和物理教育，并曾在法国巴黎留学，精通法语和英语。1863年，经过两年的努力，他翻译的第1版《初等物理学》面世，借助英语的优势，在英、美等英语国家得到广泛的应用。可贵的是阿特金森并不是完全按照原文翻译，而是做了一些必要的改进，他还加入了英国设计生产的物理仪器。阿特金森在英译本的第1版序言中指出，迦诺物理在法国已经出版过9个版本，经过了多年的教学检验，并被翻译成德语和西班牙语。他认为《初等物理学》的成功源于对主要物理法则和现象的清晰而简洁的阐释、合理的内容安排，以及精美的插图。阿特金森认为《初等物理学》的主要缺陷在于过于接近法国的教学系统，因此除了纯粹的翻译，他还花费大量时间改动和增加了很多内容，以便更适合英国的教学系统。

二、《热学揭要》的基本内容与影响

《热学揭要》共6章，120节，28个课后题，14处纠错（版讹）。

第1章论热及寒暑表（温度和温度计）。包括17节：何为热、合点之动随物而异、热效大旨、物因热而涨、寒暑表、寒暑表管、注水银法、分度公理、

---

① SIMON J, LLOVERA P. Between teaching and research: Adolphe Ganot and the definition of electrostatics (1851–1881) [J]. Journal of Electrostatics. 2009 (67): 536–541.

② 王广超. 赫士译编《光学揭要》初步研究 [J]. 或问（日本）. 2016 (29): 53–68.

定二恒点法、法伦表、寒暑表生差、寒暑表之限、寒暑表之灵、双球寒暑表、螺圆寒暑表、自己寒暑表、热度表。这章主要讲了物体的热胀冷缩现象和温度计的原理、种类及使用方法，其中对温度计的研究尤为深入。

第 2 章论定质之涨缩（固体的热胀冷缩）。包括 14 节：涨指、求定质之线涨指法、线涨指表、定质涨缩公式、涨缩损益、自准摆、流质之涨缩有真有伪、求水银之体涨指、水银之视涨指、免风雨表之涨差、流质之涨力、论水之密率、气质之涨指、气寒暑表。这章重点研究了固体的热胀冷缩，也对液体的热胀冷缩做了分析，还简单说明了气体的热胀冷缩特点。

第 3 章论熔化及漾气（物态的相互转化）。包括 33 节：熔化、压力与溶度何关、合金与化料、论物消化、流质变为定质、颗粒、流质冷至结点下而不结之故、流质结有涨缩之分、结冰药、流质分恒变、流质化散成气、变气之涨力、不被压之流质变气如何、融足界、流质至结点下变气否、气之涨力、冷热不等二器之涨力、流质化散之迟速、流质沸例、流质不纯沸点如何、压力小沸度降、变界、山锅、论流质化气生冷、葛利之冰器、变气缩为流质、蒸流质法、蒸流质简法、平安管、使气变流质何法、水滴热盆成珠之故、变气之密率、以流质之体求其气之体。这章是该书的重点内容，主要讲解了物质的 3 种状态——固态、液态和气态之间的相互转化及方法，还有物体的熔点、沸点等知识，但并未明确提出物态转化之间的热量吸收和放出情况。

第 4 章论水量与诸物射热引热及收热之力（物质的量与热传导之间的关系）。包括 26 节：天气中恒有水气、量水气表、露珠表之公理、露珠表之做法、潮表、发表、定质引热同否、定质之引热及迁热、气质引热否、物不引热何用、射热、射热表、射热例、射热之浓淡、热求等、热返照之例、空虚中亦有反热线、物收反热力之较、射热力、热之射收二力等、热线有明暗之别、明暗热线何以折分、透热力、气质收热之力、热收反不等之利益、射热轮。这章主要讲了大气中的湿度及其测量，热量的反射和折射。

第 5 章论热量。包括 9 节：热量以何为度、求热量公式、化冰法、加热法、退热法、求炉热法、隐热分三类、定质熔为流质所隐之热、流质化为气质所隐之热。

第 6 章论热源。包括 20 节：热源分三、力生之热、压力生热、击力生热、缩挤等力所生之热、日为热源、地之热、化合所生之热、动物之热、屋内生热、火炉、射热筒、热气炉、热水炉、火油炉、煤气炉、烟筒、冷气机、夜射之热、寒极、力热之互等率。这章对热源做了介绍，更多的是生活中的热源，文中还提到了冷气机，也就是空调的原理，以及力热互等是热功当量的理论。冷气机是美国科学家威利斯·哈维兰德·卡里尔（Willis Haviland Carrier，1876—1950）于 1902 年发明的，而《热学揭要》在 1897 年已经讲到了冷气机的原理，由此可见，翻译的这本书知识理论在当时是很先进的。

《热学揭要》中还有 14 条纠错信息，知道有内容错误，为什么不在印刷阶段予以改正，而是在书中纠错呢？这个需要进一步研究。而且书中也没有目录说明，这也是《热学揭要》不同于其他两本揭要的地方。

《教务杂志》对于《热学揭要》的出版做过专门报道：

在他的简短的序言中，赫士先生告诉我们，这项新著作主要是关于迦诺物理学第十四版关于热这一章节的翻译。这一著作的价值是毋庸置疑的，因为我们的高等学校的所有老师都已经很熟悉它了。天文学、光和声音方面的术语是统一的，而化学元素的名称则是由教育协会指定的技术术语。因此，我们采用统一的术语的工作取得了一些进展，这是我们所有人都希望看到的。

看到这样的教科书，我们特别高兴，因为很难找到适合中国的高等学校和大学的需要的书籍。就像赫士先生的其他书一样，这本书的印刷和插图都很好，它的外观很吸引人。有一个英语和汉语词汇附加，方便了老师和学习英语的学生的参考。

《热学揭要》并非直接翻译自《初等物理学》第 14 版的英译本，两者差别还是很大的。有些内容是以前版本的，这可能是受以前教学习惯影响所致。再者，《热学揭要》将原译本中的蒸汽动力部分整体删除了，而文会馆却有专门的蒸汽实验室，赫士可能是想出一本关于蒸汽动力学的专门译著吧。

《热学揭要》是文会馆正斋正式教材，但相较《光学揭要》和《声学揭要》影响较弱。首先《热学揭要》出版的版本太少，只有 1897 年一版，其次它翻译出版比较晚，在推广期间正遇到山东义和团运动，之后很多日本教科书的引进也影响了它的推广，特别是饭盛廷造《物理学》的出版。除文会馆外，《热学揭要》还在山东大学堂创建初期使用过，以后逐渐淡出了人们的视野。

第二节　热学实验

文会馆实验室中热学器类有 26 种：射热筒、零玻滴、引熟圜、吹火、引热囊、雪盐冰球、铁球架、铂锅、涨力义（仪）、热声筒、涨力表、较准寒暑表、传热表、银锅、磨力管、开花炮、涨力灯、散热铜壶、自记寒暑表、四质涨力圜、散热泥壶、磨热管夹板、双球寒暑表、热学金类条、试涨力铁球与圜、傅兰林胍表球。

其中传热表是表征物质受热膨胀系数和传热能力的挂图，不应属于实验仪器之列，所以热学器应为 25 种。热学器中研究物体受热膨胀的仪器有 4 种：涨力仪、涨力灯、四质涨力圜和试涨力铁球与圜。寒暑表（温度计）也有 3 种：较准寒暑表、自记寒暑表和双球寒暑表。

一、关于温度变化的实验

温度测量主要采用寒暑表，寒暑表主要有 3 种：较准寒暑表、自记寒暑表和双球寒暑表。为了能在很是寒冷的地区测量温度，还发明了固体温度计——螺圆寒暑表，其温度测量的范围大，但灵敏度相对较弱。

（1）演示温度变化的实验，使用的仪器是双球寒暑表（图 4-2）。双球表的做法很简单：乃用两端俱有空球之弯毛管，中注有色之水，二端之间有横管甲连之。横管中有塞门，欲试之须先闭其门，以手握其一球，则内气立涨催水而向彼端，以试二一水之冷热同否，则甚便焉。[1]这种温度计是用来演示外界温

---

① 赫士，刘永贵. 热学揭要［M］. 上海：益智书会，1898：5.

度变化的仪器，特点是受温度变化影响较明显，而且特别用到有色水，使实验现象更加清晰，然而由于内部使用的测量液体是水，因此测量范围受到限制，不可在低温下工作。

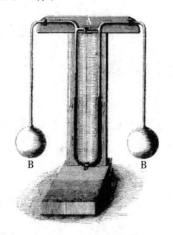
图 4-2　双球寒暑表 [①]

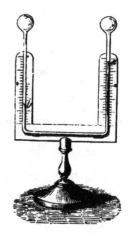
图 4-3　较准寒暑表 [②]

（2）比较温度变化的实验，使用的实验仪器是较准寒暑表（图 4-3）。较准寒暑表非常接近于双球寒暑表，是由英国学者莱斯利（Leslie）发明的，又名莱斯利寒暑表，用于比较不同物体温度微小差异的仪器。较准温度计在《初等物理学》第 14 版并没有介绍，而在第 5 版中有插图和说明。显然，《热学揭要》虽然译自第 14 版，但实验仪器很多是继承以前的，因此这件实验仪器应该是文会馆实验室较早就具备了的。

（3）记录全天温差的实验，使用的仪器是自记寒暑表（图 4-4）。自记寒暑表是由两个温度计组成，一个是水银温度计，另一个是酒精温度计，用于记录每天的最高温度和最低温度。方法是：素用之表，须常测之，一日之冷热方知，故特作此表，免其日日耗费精神。即以二表横钉一板之上，上表系水银类，热则水银即涨而前行，及至不涨，因表之甲处极细，且管内亦无使水银后退之力，故水银不得回至球内，如此每日至热之度，便能自记。下表系酒精类，管中有细玻璃条乙标准，酒精缩则乙随之后退，因其互有摄力也，及酒精复涨，则自

①　ATKINSON E. Elementary Treatise on Physics：14th. New York：Willian Wood，1893：291.

②　ATKINSON E. Elementary Treatise on Physics：5th. New York：Willian Wood，1872：223.

条旁流过，故每日至冷之度，又能自记，因名自记表。[①]

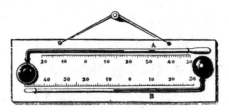

图 4-4 自记寒暑表 [②]

二、物质的热胀冷缩实验

物体的热胀冷缩现象很早即为人们所重视，文会馆也一直将热胀冷缩作为热学教育的一个重点内容之一。研究物体受热膨胀的仪器有：涨力仪、热学金类条、涨力灯、四质涨力圜和试涨力铁球与圜。

（1）涨力表实验。涨力表（图 4-5）主要是固体特别是金属类物质受热膨胀的仪器，有各种金属条备用。原理及具体做法为：凡物加热，其体多涨，气质为最，流质次之，定质又次之，而定质更可即其长短、面积及体积。量其因热而涨者，若流气二质，只可量其体而已，如定质，即其长短而试之。如图，A 为铜条，此端有 B 螺丝可禁其外涨，彼端压于指针 K，针后有分度弧，如是先合针指圈度，后以酒灯燃条，则针即立升，使易以他金之条，历时虽同，而针之升度则异，是知各金之涨力不同也。[②]这一实验主要是验证不同物体热胀冷缩的能力是不同的，不同物体在相同的温度差下体积的变化是不同的。

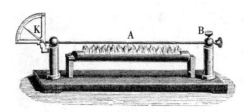

图 4-5 涨力表 [③]

① 赫士，刘永贵. 热学揭要［M］. 上海：益智书会，1898：5.
② 赫士，刘永贵. 热学揭要［M］. 上海：益智书会，1898：2.
③ ATKINSON E. Elementary Treatise on Physics：14th. New York：Willian Wood，1893：215.

（2）涨力灯、涨力义（仪）实验。物体的热胀冷缩，很早就有学者进行研究，因此测量涨力的仪器较多。涨力义（仪）为砖砌炉灶及灶中铜箱远镜等物，图本一具，兹分列之，以便醒目。灶作长方形，四角砌四石柱，中间架铜箱一，颇大。箱中横置铜铁金银玻璃等条，长一尺半，图4-6中横卧者是也。长条之一端，紧缚于左柱，又一端击于右柱，柱能转动，上置一远镜，箱之左侧有记度表。箱中藏水，使欲衡之物寒至初度下线，是时远镜正平，适对甲字，加薪箱下，燃火烧之，长条渐长。将右柱渐推渐欹，远镜随之而斜，直对乙字。炉中有寒暑表，视表上熟升几度，又观远镜移几度，两相计数，知热增一度，物涨几何。[①]实验室非常重视研究物体的热胀冷缩实验，并且应用这样的仪器以图更准确的测量物体的热胀冷缩的比率。

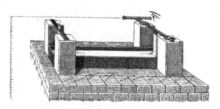

图4-6　涨力灯[②]

图4-7　涨力铃[③]

谢洪赉的译著《最新物理学教科书》介绍了一种涨力铃（图4-7）的实验仪器。涨力铃实验原理与涨力义相同，但加入了电铃，增加了实验的趣味性。其具体做法为：于底板上装立柱。于近顶处各凿一穴，穿径八分之一寸之铜丝，于

①　李杕. 形性学要［M］. 上海：徐家汇汇报印书馆，1899：169-170.

②　ATKINSON E. Elementary Treatise on Physics：5th. New York：Willian Wood，1872：227-228.

③　何德赉. 最新中学教科书：物理学［M］. 谢洪赉，译. 上海：商务印书馆，1904：224.

其一端装螺旋令其紧不能动，又一端松而易动，另取一电池及电铃，一端与铜丝连，其又一端连一铜簧，在铜丝松端之外，相距少许，次以本生焰烧铜丝之中央，丝涨而松，端与簧相遇，电路通而铃发声，移去灯焰，铜丝即缩，电路绝而不鸣矣。[1]

（3）演示金属热胀冷缩的实验——试涨力铁球与圈（图4-8）。利用物体膨胀造成其体积变化而试之，甲为铁圈，可适容乙铁球，若将球烧红，则无论如何之圈终不能容也，故知其体积亦因热而涨也。[2]

图4-8 铁球与圈[2]

（4）热学金类条实验（图4-9）。用来测量金属类物质线性膨胀率（线涨指）的实验仪器，这是一个简略测量膨胀率的仪器。

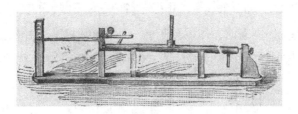

图4-9 热学金类条实验[3]

热学金类条的实验原理：金类之线涨指必以精器细验之，简器亦可得起略近之数。简器为一铜管，中间通所试之金类条，近管之两端，各有一小管以通

---

① 何德赉. 最新中学教科书：物理学［M］. 谢洪赉，译. 上海：商务印书馆，1904：224.
② 赫士，刘永贵. 热学揭要［M］. 上海：益智书会，1898：2.
③ 何德赉. 最新中学教科书：物理学［M］. 谢洪赉，译. 上海：商务印书馆，1904：242.

气。金类条之一端，定而不动，另一端触杠杆之一短臂，其长臂则为指针。管之中央，设一寒暑表，以定其热度，先注冰水于管内，继则注气，则条所涨之真数，可自表面之数及杠杆二臂之长推得之，既得每百度增涨之数若干，即易推得每度之涨数若干，是即线涨指也。[①]

三、物态变化及其影响因素的实验

与物态变化的实验很多，如物体固态的熔化实验，固态的升华实验，液态的凝固实验等。同时物态变化也与很多因素有关，比如压强。

（1）开花炮实验。开花炮（图4-10）是水由液态变为固态形式的冰，体积变大的实验，液体变成固体，其体积有增加的，也有减小的。比方说水就是一个特殊的例子，"清水于四度时最厚，四度以下至成冰以后，常伸涨，故一器容水若干，成冰则不能容。有松石一种，寒则自裂，因水在缝中成冰而涨也。瓦罐、瓷盆、玻璃瓶等盛水其中，遇寒成冰，其器必裂，皆以此故也。有名吴依扬者，作二铅球，空其中，实以水，用软木塞口，抛之门外。天寒至初度下数度，球中水冰冻，将一塞推去，掷之空际，冰亦稍出。又一塞紧附不出，然球已自裂，其涨力之大，从可想见，又铁汁铋铜汁等，凝时亦涨。若水银硫磺牛油白蜡磷质等，凝则其行缩，物性之不同如此。"[②]开花炮实验是专门做水的物态变化的实验，一般的物质由液态变为固态时，体积会变小，而水正好相反，由液态变为固态冰时，密度变小、体积变大，开花炮实验就是直观形象的演示了这一物理现象。

图4-10 开花炮[②]

① 何德赉. 最新中学教科书：物理学［M］. 谢洪赉，译. 上海：商务印书馆，1904：242-243.
② 李杕. 形性学要［M］. 上海：徐家汇汇报印书馆，1899：179.

（2）雪盐冰球实验。文会馆热学实验室相关的实验仪器中提到一件雪盐冰球的仪器。雪盐冰球是演示液体凝固现象的实验仪器，以粗玻璃管使二玻璃球甲乙连通，先在乙球中盛水适宜，加热至沸。则其中所有之空气及水汽，当自甲球尖端之小孔透出。今沸之不止，而将空气全逐出后，以吹管熔闭甲球尖端之口，乃使器中之水全聚于乙球中，而以甲球沈入起寒剂，则因甲中之水汽凝水不绝，故在乙球中水之化散甚速，而使余水结冰也。[①]

（3）高压锅实验。研究沸点与压强之间的关系的实验，所用的实验仪器是铂锅（压力锅），又称山锅，由于山上的气压低，很难煮熟食物，常在山上使用，水于高山既易沸，则煮物难熟，故备一器使气不泄，自生压力而热即增。锅边有铃环，盖中有螺丝，可使紧压铃边，则气不得泄，盖上复设平安塞丙，免气之涨力过大，将锅崩裂。塞之杠杆有锤，可节气之多少，使热度有定率。过之塞自启，而气出，为用甚便。即以煮脆骨、筋类，亦称美善。[②]

法国物理学家丹尼斯·帕潘在 1679 年发明压力锅，这是一种产生蒸汽热量快速烹调食品的密封锅。这种锅后来被命名为"帕潘煮锅"，也称高压锅，当时的这种压力锅用生铁制成。由于在密闭的环境中，锅中的压强变大，体积不变，温度升高，使水的沸点提高，从而做到迅速煮熟食物，这种锅可以将水加热到 130℃。《格物入门》中讲到"瑞士国有人住极高山上，炊粮不易熟"，"加盖"后"其炊始熟"，[③]这也是利用了压力锅的原理。压力锅在现在的生产生活中得到了广泛的应用，在现代中学物理教科书中，我国驻青藏高原哨所官兵有"用高压锅煮面条"的记述。

四、热辐射实验

热辐射有 3 条规律：①热源射热周围相等，如使寒暑表绕热源而转，则度数不变。②凡透热之物，其密率同者，则热经之，必行直线，若与热源及表之

---

①　饭盛挺造. 物理学：上篇卷四 [M]. 藤田丰八，译，王季烈，重编. 上海：江南制造局，1900：82.

②　赫士，朱保琛. 声学揭要 [M]. 上海：益智书会，1894：21.

③　丁韪良. 格物入门：电学卷 [M]. 北京：京师同文馆，1868：9.

间，以板隔之则可见。若热源斜入密率不同之物，即改其向，有如光线自天气斜入玻璃必被折也。③射热过虚空与过天气同理。①

（1）射热实验，所用仪器为射热筒、热声筒。射热筒（图 4-11）是研究热辐射规律的物理实验仪器，热辐射的一个基本定律是斯特藩定律，即斯特藩 - 玻尔兹曼定律，其内容为：一个黑体表面单位面积在单位时间内辐射出的总能量与黑体本身的热力学 K 式温度的四次方成正比。它只是定性研究热辐射规律，任何物体都会向外传递热量，辐射发生在物体的各个方向，物体无论是在真空中还是空气中都会向外传递能量，传递能量的多少与热源的距离有关。②具体实验做法为：以黄铜制正方空箱，其第一侧面平滑，第二侧面粗糙，第三侧面盖玻璃板，第四侧面涂烟炱，中盛热水，而置寒暑表于各面，与箱之相距俱等。现在用热电堆及量电表之相连合者代寒暑表，则在低热度亦可证明之。这个实验证明：物体散热之力，从其热度而增，在同热度，则关于其面之密率，暗黑而粗糙之面，较明亮而平滑之面，散热为多，即烟炱散热最多，而平滑磨光之金类面散热最少。③热声筒（图 4-12）是研究温度对声音传播的频率和速度以及音质的仪器，在不同的温度下，旋转 D 板，从而得到声音的一组数据进行比较，来进行研究的仪器。

图 4-11　射热筒

①　赫士，刘永贵. 热学揭要 ［M］. 上海：益智书会，1898：31.

②　ATKINSON E. Elementary Treatise on Physics：5th . New York：Willian Wood，1872：305-306.

③　饭盛挺造. 物理学：上篇卷四 ［M］. 藤田丰八，译，王季烈，重编. 上海：江南制造局，1900：181-183.

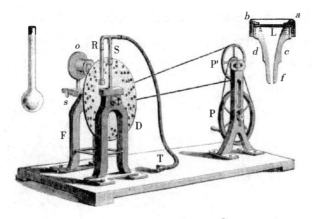

图 4-12　热声筒 [①]　　　　　　图 4-13　傅兰林胍表球 [②]

（2）演示物体接受热辐射能力的实验，所用仪器是傅兰林胍表球（图 4-13），是用以察射热之具也。玻璃泡内有正交十字钍架，四端缀以圆钍片，各片一面涂以烟炱，一面光亮，此架横装于直杆上，可与之同转于泡底窝内圆片受射热，即旋转不已，其速率视所受热之浓率大小。[③]此器亦可为光表，如使灯距表之远近不等，则轮转之迟速与距方有反比例，而以之量射热与反热之多寡，理则同也。[④]

五、机械能转化为热能实验

（1）摩擦生热实验（图 4-14）。实验所用仪器是磨力管、磨热管夹板，实验原理是通过摩擦做功由机械能转化为动能，其中磨热管实验是"以黄铜做空管一，高约三寸，径一分余，充以温水，以软木塞管口，置旋机上，疾转之。约数分钟之，管中水热至百度以上，热气自升，腾出管外。动能生热，于此又见一斑"。[⑤]摩擦生热，常见的有磨刀时不加水，刀会迅速变热，用锯锯木头，

①　ATKINSON E. Elementary Treatise on Physics：14th. New York：Willian Wood，1893：430.
②　ATKINSON E. Elementary Treatise on Physics：14th. New York：Willian Wood，1893：427.
③　何德赉. 最新中学教科书：物理学［M］. 谢洪赉，译. 上海：商务印书馆，1904：237.
④　赫士，刘永贵. 热学揭要［M］. 上海：益智书会，1898：36.
⑤　李杕. 形性学要［M］. 上海：徐家汇汇报印书馆，1899：215-216.

锯也会变热等。旋转机摩擦生热实验方法是"于旋转机之小轮，上安铜筒，注酒精约三分之二，上加软木塞之，以夹板夹住，使机速转，待数分时，酒精即沸而化气，甚至将塞逐出也。"[①]

图4-14　摩擦生热

图4-15　挤火筒

（2）高压生热（压力生热）的挤火筒（图4-15）实验。实验原理：以玻璃筒，内有吻合易动之活塞，使气不稍泄，塞下有空，可置浸碳硫之棉（或火茸亦可），使活塞入出顿突。则管内气被挤热显，塞空火茸即燃矣。[②]这个实验非常类似打气筒做功生热。

六、热传导实验

不同的物质在相同的条件下传导热量的能力不同，传热快的称为热的良导体，传热慢的称为热的不良导体。在不同的条件下，相同的物质与热源的距离不同传热也不同。

（1）引热囊（图4-16）实验是研究物体传导热量的实验，以验证实物传热不同。以马口铁或红铜制一箱，边穿数穴，塞以铜铁树木玻璃等细条五六茎，各入箱中分许，条上均涂黄蜡，热至六十一度始化。既而以滚水注箱中，无何，铜铁条上黄蜡消融，而木与玻璃条上，依然如故。[③]

（2）引熟圈（图4-17）实验也是测定物体热传导能力的实验，如图甲为铁

① 赫士，刘永贵. 热学揭要［M］. 上海：益智书会，1898：40.

② 赫士，刘永贵. 热学揭要［M］. 上海：益智书会，1898：41.

③ 李杕. 形性学要［M］. 上海：徐家汇汇报印书馆，1899：205.

板，乙端有油池可使热，上设数寒暑表，相距各同。复易以他质同体之板，按法试之，即可得诸定质引热之力如何矣。[①]并根据实验情况测定物体的引热率，来反映物体的热传导能力。

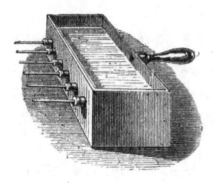

图4-16　引热囊

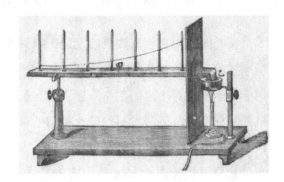

图4-17　引熟圜

七、小结

文会馆实验室热学器部分略去了原著中一些较为复杂的实验，如大部分的物态相互转化实验。热学器还特别强调热胀冷缩实验，并对温度计（寒暑表）作为重点，强调温度计的种类、实验结果以及产生误差的原因等。显然热学器更加强调热学的基础知识和基础理论的实验，至于热学技术上的运用，则专门开设了热机（蒸汽）实验室进行研究。

第三节　蒸汽实验

蒸汽机的广泛使用是西方第一次工业革命的标志，登州文会馆非常重视蒸汽机技术的教育，并设有专门的蒸汽实验室，其中的蒸气器是研究蒸汽机及其应用的实验室，包括：火轮锤、升降锅、舂矿机、摆动汽机、扭力蒸锅、暗轮、

① 赫士，刘永贵. 热学揭要［M］. 上海：益智书会，1898：28.

瓦德汽机剖面、鼠力机、汽机锯、火轮车、水龙汽机、汽机五种、横机、轮车汽机剖面。连同水学器中的救火水龙和汽船水轮，[①]研究蒸汽机的实验设备共有20种。

一、关于演示蒸汽机发展史的实验

文会馆还很重视蒸汽机的发展历程教育，并配备了相应的仪器设备，以便学生了解不同时期蒸汽机的结构及性能特点。这部分设备主要是作为演示实验，用于展示不同蒸汽机的工作原理主要有汽机五种和瓦德（瓦特）汽机剖面。汽机五种即瓦特改进蒸汽机前的5种类型：希罗汽机、高氏汽机、吴氏汽机、塞氏汽机和牛氏汽机。

希罗汽机（图4-18）是由古希腊的希罗（Hero，10—70）最早发明的蒸汽机，但希罗汽机不具有什么实际应用价值,《格物入门》认为它"不过玩物耳"。[②]希罗汽机原理是把空心球固定在支架上，使其可绕轴旋转，在球的两侧，垂直旋转轴方向上安装两个反向弯管喷嘴，将空心球内部或球下方容器中的水加热，水受热后水蒸气从两个喷嘴涌出，水蒸气带动空心球加速旋转，直到水蒸气喷射的力与空气阻力和机械摩擦力抵消，空心球开始稳速旋转。狄考文就曾根据这一原理制作了一个"玻璃罩内不停喷着水"的"小型气动喷泉"，[③]并摆放在登州的家里。

图4-18 希罗汽机[④]

① 王元德，刘玉峰. 文会馆志［M］. 潍县：广文学校印刷所，1913：42.

② 丁韪良. 格物入门：气学卷［M］. 北京：京师同文馆，1868：38.

③ 费丹尼. 一位在中国山东四十五年的传教士——狄考文［M］. 郭大松，崔华杰，译. 北京：中国文史出版社，2009：169.

④ ATKINSON E. Elementary Treatise on Physics：5th. New York：Willian Wood，1872：366.

高氏汽机是由法国科学家丹尼斯·帕潘（Denis Papin，1647—1713）于1679年发明。帕潘发明了早期的压力锅，他受到高压蒸汽启发，想到在蒸汽出口加装汽缸、活塞装置，通过蒸汽推动活塞做功，制造完成了近代早期的蒸汽机。但这种汽机效率非常低，且用途很少，仅限于实验室使用，丁韪良称"高氏汽机，惟能摧水"[①]。

吴氏汽机是由英国人吴斯德侯爵二世（Edward Somerset，1602—1667）发明的。他早年因为政治原因坐过牢，在狱中"因茶壶煮水，偶见壶盖顶起，由是悟得蒸气之力大可用也"。出狱后经过反复试验发明了吴氏汽机，其原理与"高氏之法无异"[①]。不知道什么原因，后人将这一事件阴差阳错地算在了瓦特身上。

塞氏汽机是1698年由英国人托马斯·塞维利（Thomas Savery，1650—1715）发明的，是一种无活塞、只有两个阀门的蒸汽抽水机，利用蒸汽压力差抽取矿井水。塞维利发现这种汽机的原理也很偶然，他在饮酒的时候，将铜壶放到了火炉上，"酒滚沸将尽，蒸气极浓"，当把壶嘴置于冷水中，很快"水由壶嘴逆流而上盛满酒壶"[②]。这一现象激发了塞维利利用蒸汽做功的灵感，塞氏汽机原理和构造都比较简单，利用蒸汽做功把水送出去，再利用大气压将水从地下提上来。塞氏汽机虽然效率很低，但确实被有些煤矿业主所采用，已经可以应用到实际生产生活中了。

牛氏汽机是英国工程师纽科门（Newcomen Thomas，1663—1729）于1705年发明的，主要用途还是矿井抽水。纽科门通过不断地探索，综合了前人的技术成就，取得"冷凝进入活塞下部的蒸汽和把活塞与连杆联接以产生可变运动"的专利权，设计制成了气压式蒸汽机。牛氏汽机吸收了塞氏汽机快速冷凝的优点，引入了高氏汽机的活塞装置，在蒸汽压力、大气压力和真空相互作用下推动活塞作往复式的机械运动，通过传动装置对外做功。牛氏汽机是一款真正实用的汽机，一直被使用了半个多世纪，英国就有很多矿井采用了这种机器抽水，但效率很低、功率不大、运行太慢是其明显的缺点。

① 丁韪良. 格物入门：气学卷［M］. 北京：京师同文馆，1868：39.
② 丁韪良. 格物入门：气学卷［M］. 北京：京师同文馆，1868：40.

瓦德（瓦特）汽机是由詹姆斯·瓦特（James Watt，1736—1819）在牛氏汽机的基础上改进制造的。瓦特是继纽科门之后，首位在开发蒸汽动力方面取得重要进展的人，他靠着他的创造性和科学才华在蒸汽机的效率和机械设计方面做出了根本性的改进。瓦特是格林诺克一位木匠技师和造船工人的儿子，年轻时曾去伦敦学习仪器制造技艺。他于1757年回到格拉斯哥，被任命为"格拉斯哥大学的数学仪器制造者"，并在学院的大楼中设有一个工场。瓦特在介绍自己的涉及灵感来源时说：早在1765年我便发现，假知在装有蒸汽的汽缸与另一只已被抽空空气和其他液体的容器之间连通的话，蒸汽作为一种弹性流体，将立即冲入空的容器，一直到建立一种平衡；但假如该容器被喷射水或用其他方法保持极低的温度，更多的蒸汽将继续进入直到所有蒸汽都被冷凝。[1]

文会馆实验室设有汽机五种和瓦德（瓦特）汽机等实验仪器，狄考文可能是想通过蒸汽机的发展史教育向学生传达这样一个信息：一项伟大的科技发明可能需要很多人甚至几代人不懈的努力。同时这样的教育对于学生物理思想和物理思维的建立有着重要的作用。

二、与火车和轮船相关的实验

文会馆实验室还有火车模型、火车（火轮车）蒸汽机车的剖面、火轮锤等，各种零部件均可一目了然，这在当时中国是非常先进的。

早在1872年，狄考文在美华书馆期间帮人代购货物就有"蒸汽引擎、望远镜、昂贵的化工用品以及订书针和一些稀奇古怪的用品"[2]。狄考文一直在寻找能对他在中国的学生们有帮助的人和事物，他意识到火车在中国的巨大发展潜力，于是决定在文会馆实验室引入蒸汽火车实验仪器。1879年5月至1881年1月，狄考文第一次回美国休假，他在鲍德温机车工厂经特别允准，待了一段时间研究机车构造，目的是要制作一个模型在休假结束后带回中国。1902年6月，

---

① 辛格. 技术史［M］. 王前，孙希忠，译. 上海：上海科技教育出版社，2004：124.

② 费丹尼. 一位在中国山东四十五年的传教士——狄考文［M］. 郭大松，崔华杰，译. 北京：中国文史出版社，2009：104.

狄考文乘蒸汽火车穿越欧洲最后一次回国休假,路经西伯利亚某地时,机车出了毛病。他见到机车竟是大鲍德温牌号,很快就发现了故障,并向机组人员展示机车机械装置的故障原因,以及如何修理的方法,不一会,火车就开动继续上路了。[①] 说明狄考文对当时的蒸汽火车结构已经相当熟悉了。

与蒸汽火车对应的是蒸汽轮船,蒸汽轮船"与他舟无甚异,惟设有转轮"[②],有的动力"转轮"是设在船旁边或在船尾的明轮,也有的是设在船底的暗轮。1802年,英国人威廉·西明顿制造成世界上第一艘蒸汽动力船,该船用的就是在尾部的明轮。1807年,美国机械工程师富尔顿(Robert Fulton,1765—1815)设计出蒸汽机带动两侧明轮拨水的"克莱蒙特"轮船。1829年,奥地利人约瑟夫·莱塞尔发明了可实用的暗轮,暗轮即螺旋桨,它克服了明轮推进效率低、易受风浪损坏的缺点,但最初的暗轮是木质结构,容易折断,所以很长时间内,明轮船和暗轮船同时存在。

1865年,徐寿和华蘅芳建造了中国最早的蒸汽轮船"黄鹄号",该船的推进动力装置就是两侧明轮。徐寿也是较早对暗轮进行研究的中国人,暗轮"其翼为螺丝截断之形,故又名螺轮,在水内转行,似乎螺丝在螺盖内转行,所以螺轴顺船之方向而转,船即前行"。由于明轮制造技术较简单,便于操作和维修,当时传入我国的动力技术主要是明轮,而文会馆实验室既有明轮又有暗轮,水学器中的汽船水轮就是明轮。这也体现出狄考文对待实验仪器的一个特点,他自己并不对某项技术的优劣做出判断,而是将它交给市场,随着航海技术的进步暗轮逐渐取代了明轮,文会馆实验室也就把汽船水轮归入了水学器范畴。

狄考文引进实验仪器注重与当时的先进技术接轨。19世纪末,中国迫切需要改善当时的水、陆交通,蒸汽动力技术是当时中国所急需的,文会馆实验室设有汽船水轮和暗轮以及火轮车模型,正是顺应了这种需求。

---

① 费丹尼. 一位在中国山东四十五年的传教士——狄考文 [M]. 郭大松,崔华杰,译. 北京:中国文史出版社,2009:162-165.

② 丁韪良. 格物入门:气学卷 [M]. 北京:京师同文馆,1868:43.

三、其他功用汽机

（1）蒸汽消防车——救火水龙（图 4-19）。明末清初的《远西奇器图说》中介绍了一种专业的救火设备——水铳，文会馆实验室也有一种称为救火水龙的装置，它是"专为救火而设，与压水管之理相同"，救火水龙和水铳的工作原理是一样的，活塞运动使筒内产生真空，大气压将水槽内的水压入筒内，然后通过外力推动活塞，使水沿出口喷出。[①]救火水龙又加了"气箱"和"横梁"，设计更为合理，压强更大，也喷射得更高，"可使水跃起三丈有余，虽大厦高楼，亦能达到矣。"行动更为灵活方便，这也是最初的消防车模型。

图 4-19 救火水龙[②]

这种先进的救火设备当时并未普及，只有"上海香港已备有此种水龙"，平常时候就"已装就水与煤薪"处于随时待命状态。[③]据 1879 年《小孩月报》报道，当时的上海租界区，已经建立起较为完备的消防系统，救火水龙以"气摧水，其力甚巨"，有"吸水皮条，以火轮水气"之力将水喷出，救火效果特别明显。上海租界的外国人设有消防协会——"水龙会"，还设有"救火钟楼，上架巨钟，如遇火警，鸣钟为号"[④]。这种当时最为先进的消防车，也只在香港和上海的租界才有，然而谁又能想到在偏远的山东登州文会馆的学校实验室里

---

① 段耀勇. 水铳的传入及其在中国消防史上的意义［J］. 内蒙古师范大学学报：自然科学汉文版，2005，9（3）：329.

② 丁韪良. 增订格物入门：水学卷［M］. 北京：京师同文馆，1889.

③ 傅兰雅. 汽机水龙图说［J］. 格致汇编. 上海：格致书院，1876，6（5）：5.

④ 范约翰. 救火水龙车［J］. 小孩月报. 上海：清心书馆，1879，4（11）：1-2.

竟已完备了。

蒸汽实验室还有一种叫作光铁射水器的实验设备，它也是救火水龙的一项重要设施，可伸缩调节长度，相当于现在的喷水头。

（2）文会馆实验室还有汽机锯，是一款用蒸汽机为动力的机器轮锯，[①]代替了人工锯，提高了劳动效率，也减轻了工人的劳动强度。火轮锤是指汽锤，汽锤的起因是英国造船打炼"大块熟铁"，因"手执锤之力亦不足，则必用汽力令锤能重打"[②]。这种用汽机锻造机器零部件的设备和技术对重工业的发展尤为重要。

（3）文会馆实验室还有蒸汽动力纺织的横机，瓦特最初改进蒸汽机即是首先应用到了纺织行业上。横机最早是由德国人海因里希·施托尔（Heinrich Stoll）于1878年发明的，它是针织横机的简称，属于针织机械的一种，一般是指横编织机，即采用横向编织针床进行编织的机器。纺织横机是晚清洋务派早期引进并应用于民用的机器，1883年，李鸿章、郑观应等人筹建的上海织布局从美国引进了530台蒸汽纺织机，由于缺少纺织技术工人，生产效率相对较低，但还是赚取了丰厚的利润。[③]狄考文意识到纺织横机的重要应用前景，在文会馆蒸汽实验室引进了横机。

文会馆实验室还有升降锅、舂矿机、扭力蒸锅、鼠力机等设备，显然这些实验仪器设备具有很强的实用性。正是由于有了优良的实验设备，文会馆的很多学生精通木工、机工、电工，不愁找不到工作。狄考文还为中国基督徒开办工业，促使穷人自立而努力。他帮助购买纺织中国麻毛混纺粗面料的织机，以及装包机或精纺针织机器；引进染布后干燥和熨平棉布的滚轴熨烫机；为一名中国铁匠搜购车床。1896年，他四处奔走要弄到一套面粉厂设备。他说："中国基督徒们计划要开办面粉厂，他们打算组建一家公司以筹集经费。我们不从面粉厂赚一分钱，但我们对帮助中国基督徒办企业感兴趣，他们可以通过办企业谋生，并引领他们的国家进步"。[④]虽然狄考文的根本目的还是传教，但他的这

① 傅兰雅. 轮锯图说［J］. 格致汇编. 上海：格致书院，1876，2（1）：11.
② 傅兰雅. 汽锤略论［J］. 格致汇编. 上海：格致书院，1876，2（1）：9.
③ 孙毓棠. 中国近代工业史资料：第一辑下册［M］. 北京：科学出版社，1957：1054.
④ 费丹尼. 一位在中国山东四十五年的传教士——狄考文［M］. 郭大松，崔华杰，译. 北京：中国文史出版社，2009：167.

些举措还是有利于科学技术的传播和当地经济发展。

四、小结

1882 年，赫士受美国北长老会派遣来到登州文会馆，他精通现代自然科学，从美国出发时携带了大批性能优良的物理和化学仪器设备，[①]使得文会馆实验室不断充实发展。文会馆优良的实验仪器设备造就了一批优秀的西学教育人才，虽然人数不多，却影响甚广。

然而据《文会馆志》记录，文会馆实验室只有 20 种与蒸汽机有关的实验仪器设备，并没有达到《文会馆要览》所说的"应有尽有"的水平，比如船用汽机、火车汽机的联动装置等都未提及。这可能有两个方面的原因。一方面，19世纪末至 20 世纪初，正是西方第二次工业革命高速发展的时期。电动机技术逐渐趋于成熟，在工业生产中逐渐得到普及。1883 年，德国的戴姆勒（Gottlieb Daimler）研制成功第一台立式汽油机，并很快应用到汽车和小型轮船上。1897年，德国工程师狄塞尔（Rudolf Diesel）研制的柴油机，热效率超过了 20%，不久就被广泛应用于发电、舰船、火车、汽车。另一方面，文会馆在购买仪器设备的时候，都要"对市场进行详细调查"，以便选择最先进"最好的"，而且学校迁移到潍县之后，文会馆仪器制作所已经能够制造汽油机和柴油机的"引擎"和"电动机"，[②]文会馆实验室的电动机就达到了五种：侯氏电机、葛利电机、文署德干电机、隔电机、否司电机。[③]机械效率低、笨重的蒸汽机退出了历史舞台，与蒸汽机相关的实验仪器逐渐减少也就在情理之中了。

---

① 郭建福. 赫士的科学与信仰［J］. 中国科技史杂志，2017，38（1）：1–8.

② 费丹尼. 一位在中国山东四十五年的传教士——狄考文［M］. 郭大松，崔华杰，译. 北京：中国文史出版社，2009：164.

③ 王元德，刘玉峰. 文会馆志［M］. 潍县：广文学校印刷所，1913：44–45.

第五章
声学和气学实验

第一节　文会馆的声学教科书——《声学揭要》

无论是中国还是西方国家，对声学的研究时间都较早，这主要是因为声音作为一个普遍的自然现象为人们所熟知。我国早在商代时期对乐器的制造和乐律学就已有丰富的知识。明朝的朱载堉还提出了平均律，比西方早 300 多年。国外对声的研究也很早，公元前 500 年，毕达哥拉斯就研究了音阶与和声问题。到 17 世纪，牛顿的研究促进了声学的发展。到 19 世纪中叶，声学的基本理论就基本已经完善了。

西方近代声学知识传入中国是从明末时期开始的，法国耶稣会士金尼阁（Nicolas Trigault，1577—1628）于 1626 年翻译并出版的《西儒耳目资》，可能是最早译成中文的与声学相关的书籍。1874 年，傅兰雅口译、徐建寅笔述合作出版了英国物理学家丁铎尔的《声学》，书中有许多声学实验仪器和插图，较全面地介绍了西方近代声学知识。

《声学揭要》是赫士在登州文会馆译编的第一本物理书籍，于 1894 年由上海益智书会出版，依据的底本是《初等物理学》中的声论，根据文会馆实际需要对原文做了适当的删减和增补。全书共有 6 章 71 小节，书本后面还有 16 道问题（杂问）。

一、《声学揭要》译者及版本

协助赫士翻译《声学揭要》的朱葆琛，字献廷，胶州高密县朱家沙浯人。1888 年毕业于登州文会馆，历充文会馆教习，北京汇文书院教习，清江浦官学堂教习，京师大学堂教习，山西大学堂译书院主笔，青岛礼贤书院教习，天津北洋译书馆教习，之后曾在怀远地区传道。[①] 其中在任山西大学译书院主笔期间，翻译《天文图志》等书，较有影响。该书的校阅是周文源，登州蓬莱县人，附生，很早就去世了。[②]

《声学揭要》是赫士译编的三本揭要中最早出版的，第一版于 1894 年面世，之后多次再版，1894 年版的《声学揭要》（图 5-1）底本是法国人迦诺的《初等物理学》英译本第 12 版。影响较大的是第 2 版，即 1898 年版的《声学揭要》。

《教务杂志》1895 年 5 月对《声学揭要》和《光学揭要》的出版做了专题报道，并给予了很高的评价：

图 5-1 《声学揭要》封面

登州文会馆的赫士编译的两部关于光和声音物理著作，已经被付印发售了。这两本书丰富了教育协会出版的作品的清单。赫士先生所做的一切都很好，而且做得很彻底。他既是西方科学的实践性教师，又是教育类书籍的作者，他站在了这方面的最前列。他的名字就是这些论述的实际和教育价值的充分保证。《光学揭要》中关于光学的内容有 80 多页或 160 多页[③]，加上插图超过 180 页，它还包含了 5 页的英文和中文词条，按字母顺序

---

① 郭大松. 中国第一所大学——登州文会馆［M］. 济南：山东人民出版社，2012，10：137.

② 郭大松. 中国第一所大学——登州文会馆［M］. 济南：山东人民出版社，2012，10：90.

③ 《光学揭要》和《声学揭要》采用的是开卷两页记一页的计数方式，所以有 80 或 160 页之说，下文的 34 页或 68 页也是这个原因。

排列，以便为外教和熟悉英语的本地学生提供参考。这部译著主要是为了满足登州文会馆学生的要求，同时也被其他一些学校采用作为教材。赫士明智地运用了所有的数学讨论，单凭这一点，就能获得光学仪器的清晰概念。他想当然地认为，镜子和透镜的主题是很容易理解的。在编写这本优秀的教科书的过程中，大多数伟大的现代权威人士都被咨询过，他们的作品在英语前言中被找到了。

《声学揭要》的工作更小，只占用 34 页或 68 页。它也有英文和中文的词汇表和英文序言，从它看来，它主要是来自迦诺物理的第 12 版[①]，补充了廷德尔的讲座。它由 66 幅版画插图，其中一些是做得很好的，考虑到它们，以及《光学揭要》的插图，都是本地模仿艺术的标本。这两部译著的风格都是清晰而简单的，很好地适应了预期的目的。整体上的术语是对已经发表的这些主题的作品的改进，但是在一些已经相当普遍的情况下，可能最好是保留，而不是全新的。然而，术语是一种品味和观点的问题，因为没有两个人能够完全相同地看待事物，唯一的解决方法就是"适者生存"法则。最糟糕的是，这条规律往往要花很长时间才能得到结果！迄今为止，唯一能在中国语言中找到的关于光和声音的作品都是廷德尔关于这些主题的讲座的翻译。而这些都不是教科书。因此，教育界人士将会为赫士先生的这些新作品而欢呼，因为他更适合于学校的目的，并将这两个重要而有趣的主题的最新信息体现出来。[②]

二、《声学揭要》的内容

《声学揭要》共分为 6 章来讲述。第 1 章论声之来由、速率及被返被折之理。这一章共有 16 节，主要对声音的产生（声之来由）、传播（气何以扬声）、声强（声之大小）、扩音方法（助声法）、声音传播速率大小（求声之速）、声音的反射和折射（回声和折声）、扬声器（扬声筒）以及医用助听器（闻病筒）

---

① 《光学揭要》和《声学揭要》的第 1 版底本是采用《初等物理学》第 12 版，1898 年版则采用《初等物理学》第 14 版。

② PILCHERS. Correspondence in Regard to School Books [J]. The Chinese Records and Missionary Journal，1894（7）：289–292.

等内容进行介绍。第 1 章主要是讲了声学的一些基本概念及其简单的应用，其中包含了很多实验内容。

第 2 章论测诸音之颤数。这一章是研究声的频率的，内容较少，只有 5 节：用"撒法特法"计算声的频率；以赛伦计算声的频率的方法；论声学风箱，早期的脚踏风琴的模型；论可听之颤次，人可以听到的声音、超声波和次声波的分类；杜哈美法，也是一个求音频的重要方法。

第 3 章论乐音。共 17 节，主要内容有：乐音之要（乐音的 3 个基本要素即音频、响度、音色）、论中隔（音色比例关系）、论乐级（高、中、低音的比例关系）、论叶音（设有二音同时入耳，耳听之而悦者，即为乐音，实为"音律相合之理"，在田大理著傅兰雅口译、徐建寅笔述的《声学》第 8 卷第 1 页"多音齐出，有相和有不相和，相和者耳悦，不相和者耳憎。"论音有刚柔、论匀级（介绍音乐演奏的基本知识）、论定音义（仪）、论声浪之宽窄、论副音（物体或乐器发音的特点识别）、论助音筒、论分音器、论和音器、论乐器之音趣为何不同、论声管、论声何以能闻（人发声的声道特点和听觉器官——耳朵的结构）、论声相碍、论拍音。这一章主要对乐音的音调、响度和音色以及乐音的和声做了探讨。

第 4 章论弦琴风琴。共 15 节，主要内容有：论弦琴大指、论独弦琴、论四例之证、论独弦琴出声之故、论垂线之动静点、论弦之动静点、论弦琴之动静点、论风琴、论嘴琴、论舌琴、论琴筒助声之理、论塞筒之副音、论敞筒、论以气筒求声之速率法、论轻气琴。这一章主要讲弦琴发声原理。

第 5 章论条片颤动之理。共 9 节，主要内容有：论诸条颤之公理、论一端可颤之条、论两端皆可颤之条、论方页之颤、论评方页动静之理、论圆片动静之理、论皮膜之颤动、论孔得求声之速率法、论光出声之理。

第 6 章论以光显声原之颤动。共 9 节，主要内容有：论以光显定音义之浪、论以光显拍音、论速率同二颤之合力、论相差一级二颤之合力、以光察声浪之式、论写声机、论以煤气灯验声之大小、论声有吸驱、论储声机。

三、《声学揭要》的翻译及影响

《初等物理学》第 14 版第 5 卷声学，分 6 章，共 71 条目，内容主要包括声音的生产、传播和反射，测量声浪振动的数量、音乐的物理理论、弦的曲调，棒和板振动发出的声音和图方法来研究振动的原理等。它主要是面向英、美等英语国家中学生或大学预科生。《声学揭要》与之相比，从结构框架、内容上对比看是基本相同的。《声学揭要》去除了一些较为复杂的知识点，并适当加入了一部分更利于教学的实验方法，同时又注意不使原著的整体结构和内容发生改变的情况下，力图编辑成语言简练、通俗易懂的书籍，以便用于中国学生和教师的教学活动。因此到具体内容，《声学揭要》也非完全按《初等物理学》英译本翻译，比如翻译何为声。

The study of sounds, and that of the vibrations of elastic bodies, form the object of acoustics. Music considers sounds with reference to the pleasurable feelings they are calculated to excite. Acoustics is concerned with the questions of the production, transmission, and comparison of sounds. To which may be added the physiological question of the perception of sounds.[1]

"物之颤动，传至耳内，使脑有所觉者为声。而声分二，一曰音，一曰响。盖颤动之有定次者为音。若响，或倾刻即过，无从想像，有如枪炮爆竹等类，又或纷无定次，如波涛之澎湃，风雨之交加，诸错乱声皆是，然音与响之分界，极难指陈，殆有不可言传者矣。"

由内容对比可以看出，赫士在翻译时对内容做了一些处理。而且在翻译的时候适当参考了其他的版本。赫士在英文序言中指出《声学揭要》主要是面向 "college student" 的课本，虽然做了简化处理，然而相对于当时的大学初级班，还是比较困难的。《声学揭要》在其书中加入了英语声学词汇和汉译术语表，基本覆盖了所用的专用名词词汇。科学知识需要相应的名词术语来表述，较晚的教科书可以用以前的术语。但对于较早的科学著作的翻译，则比较困难，如徐

---

① ATKINSON E. Elementary Treatise on Physics: 14th. New York: Willian Wood, 1893: 204.

建寅译的《声学》，名词术语的翻译和解释，对译作者来说确实是一个非常大的问题。赫士在《声学揭要》中使用了一些《声学》的术语，但赫士显然并不满意，对很多术语的翻译改动较大，事实证明，赫士的术语更适合学校的教学，被后来的教科书采用的较多。

在《声学揭要》之前，已经有一些介绍西方声学知识的译著英国人合信著《博物新编》第一集中，就有真空（空虚无气）不能传声的内容，并指出在真空中"内以撞鼓，击撞无声"。丁韪良的《格物入门》第二卷《火学》中下章论音声介绍了有关声学知识的内容，共39问答，其中有关声音的产生，书中这样介绍："耳内有脆骨，蒙蔽如鼓，外有轮廓，收束接受，外物相触，天气动荡扬至耳内而成声"。总体来看，所讲得声学知识还是入门级的，比较粗浅的。据王冰考察晚清时期传入中国的近代声学知识，可以《声学》一书中所介绍的内容为代表。[1]《声学》（八卷），傅兰雅和徐建寅译述，1874年由上海江南制造局出版。原作者丁铎尔（J. Tyndall，1820—1893），当时译作田大里。中译本是根据原著《声学》第2版译出，没有翻译第7章。[2]该书系统论述了声学的理论与实验，比较准确地介绍了许多物理概念，是中国最早的声学专著。直至20世纪初，在中国介绍的近代声学知识，基本上没有超出该书的范围。《声学揭要》相比《声学》，内容更加简明扼要，有关多普勒（C. Doppler，1803—1853，原译为窦培勒）原理、声的折射现象、测量频率（颤数）的各种方法等知识方面，更为详细。还介绍了扬声器（扬声筒）、听诊器（闻病筒）、声波记振仪（写声机）、留声机（储声机）等仪器设备。《声学揭要》是较早介绍留声机的书籍，留声机于1877年发明，而《声学》是1874年出版，因此不可能有关于留声机的介绍。

一般说来，近代来华的新教传教士在科学素养上要远逊于明末清初的耶稣会士。[3]由于长期的闭关锁国，封建统治者腐朽堕落，将科学技术视为奇技淫巧，晚清时期的东西方科技发展差距巨大，美国人丁韪良曾说过：就科学知识

① 王冰. 中国物理学史大系：中外物理交流史［M］. 长沙：湖南教育出版社，2000：134.
② 王冰. 中国物理学史大系：中外物理交流史［M］. 长沙：湖南教育出版社，2000：116.
③ 王杨宗. 清末益智书会同意科技术语工作述评［J］. 中国科技史料，1991（12）：10.

而言，中国的翰林学士还不如西方受过教育的小孩子。传教士掌握的一点点科学常识，常被中国人视为新奇，啧啧称羡。在渴求科学新知的中国人看来，西方人皆可为中国人之师[①]。正是当时中国科技严重落后于西方，一些看似很成熟的西方教学用书籍并不很适用于中国的学生和教师，所以狄考文、赫士等人就将英文版书籍翻译成汉语版的，由于他们是长期在教学一线工作，比较能把握哪些知识对于中国学生更容易理解，怎样的教材更利于学生掌握知识。

即便如此，真正能达到毕业要求的学生并不多。以登州文会馆为例，1864年建校至1877年才有了第1届毕业生，只有3个人，1879年1个，1880年2个，1881年5个，1882年3个，1883年没有毕业生，1884年2个，之后随着在校学生的增加，毕业生也慢慢增多，但最多的一年1898年也不过14个，但教学考试要求从未放松，从而保证了毕业生的水平和素质能力。据《文会馆志》记载："自一八六四年至一八七二年，……共收生徒八十五名，而学满六年者仅四人，有用于教会者仅一人，尚在堂肄业者不过二十二人，余均不堪造就，废于半途"。[②]从一个侧面说明当时的中国学生学习之困难。物理知识对于中国学生尤为困难，就是在这样的背景下，《声学揭要》《光学揭要》《热学揭要》翻译出版。这样也使得这几本揭要在保证科学知识整体结构不变的同时，尽量使用中国人便于理解的语言，简明易读，更适用于教学需求。

如《声学揭要》杂问第一问：有人坐井崖，以石下坠，历四秒时方闻水音，当时天气之冷热为107度4。试问此井自崖至水面为几何特梅？这是一道高中物理才能解决的问题，内容包括自由落体运动、声音在空气中的传播速度以及与空气温度的影响等问题。

四、赫士首先翻译出版《声学揭要》的原因

赫士为什么要先翻译《声学揭要》而不是实用性更强的力学或者热学呢？

---

① 郭嵩焘. 伦敦与巴黎日记［M］. 长沙：岳麓书社，1984：167.

② 郭大松. 中国第一所现代大学——登州文会馆［M］. 济南：山东人民出版社，2012：66–67.

一方面声学是《初等物理学》中较为简单的部分，中国传统文化中也有大量关于声学的内容知识以及乐器，还可以提高学生的学习兴趣。另一方面文会馆非常重视声学教育，这毕竟是一所基督教学校，其根本目的是传教，传教的过程中，要唱对上帝的赞美诗等乐曲，需要很多声学知识。狄考文的夫人狄邦就烈还教导学生写下了很多乐谱歌曲。有关资料显示，她很可能是近代最早把西方音乐教育引入中国的人。[①]为活跃学习气氛，也是寓教于乐，她创作了大量歌曲作为文会馆校歌传唱。可惜的是这些歌曲大都失传了，现在保留下来的都是文会馆的学生创作的。文会馆唱歌选抄 10 首，有刘玉峰《乐赴天城》和《爱国歌》、周书训《赏花》、冯志谦《夏日》等，[②]而这仅仅是文会馆师生创作的一小部分，这就需要很多声学知识。在《登郡文会馆典章》中的备斋课程第二年有声乐原理，授课教师正是狄考文夫人狄邦就烈，教材是她编著的《圣诗谱　乐法启蒙》，该书包括音阶、节奏、音程、调性、记谱法、音乐术语、演唱处理等有关的音乐知识，还有 369 首圣咏歌曲、17 首讽诵歌、25 首小调。而这些是在狄邦就烈教学之余，收集胶东民歌民谣，编写谱曲现代歌曲"数百首"，其根据教学积累所著的《圣诗谱　乐法启蒙》是中国最早系统介绍现代音乐知识的教科书。[③]与《声学揭要》的有关乐音知识，形成了前后呼应。

学校开始之时，"学堂困难，不独经费然也，科学诸书均无刊本，算学诸科皆须狄公口授，地理音乐并赖夫人指教，所延教习授经而外，别无裨益。"[④]邦就烈认为音乐对人的品性的形成至关重要，音乐最大的用处就是能够激起众人"虔诚的心，用他赞美神"，[⑤]而且"乐本是要紧的，是有许多用处的，不论男女老幼，都可以用。人当闲暇无事，正好唱诗。一来，省得虚度光阴。二来，也省得趁着闲时，去做坏事。乐最能激发喜乐的心，人若有可喜乐的事，自然唱

---

①　费舍. 狄考文传［M］. 关志远，苗凤波，关志英，译. 南宁：广西师范大学出版社，2009：27.

②　郭大松. 中国第一所大学——登州文会馆［M］. 济南：山东人民出版社，2012：108-133.

③　郭大松. 中国第一所大学——登州文会馆［M］. 济南：山东人民出版社，2012：236.

④　王元德，刘玉峰. 文会馆志［M］. 潍县：广文学校印刷所，1913：21.

⑤　狄邦就烈. 圣诗谱［M］. 上海：美华印书馆，1907.

起诗歌来，表出他心中的意思，如是喜乐的心更加喜乐。就是那不快乐的人，听见这喜乐的乐声，也就生出快乐来了。乐也好解人的忧愁，人有了难事，心里忧愁，歌起诗来，便觉松散，心中的忧愁，不由得也就解去了。乐本是属乎正事的，最能发作人的志气，引人好胜，人若喜欢唱诗，常用这样的工夫，他的心术，大约就端正了。乐的大用处，却是用他赞美神。凡众教友聚会敬拜神，就当唱圣诗，好归荣耀于神，如是众人虔诚的心，自然也就激动起来了。"[①]正是文会馆有这样深厚的音乐教学传统，赫士首先翻译出版《声学揭要》也就不难理解了。

第二节　声学实验

声学器类共有 18 种实验仪器：赛轮、独弦琴、声光镜、定音义（仪）、声纹觯、无声铃义（仪）、空盒定音义（仪）、打琴、口琴、声光筒、无声铃、印音轮、碍声管、声浪玻片、声浪玻管、大助声筒、大声浪机、声浪铜片、哥路第恩球（即火棉胶球，一种有弹性的球）。

一、声音产生的实验

声音是由物体的振动而产生的，不同的振动产生不同的频率和音色。研究声音的产生相关的实验仪器主要有：定音仪、赛轮、独弦琴、打琴、口琴。

（1）定音仪实验。定音仪的声音频率是一定的，即将音叉插在一个空盒上，是研究声学知识的最基本的实验，在现代物理实验室里还是很常见的。音叉是呈 Y 形的钢质或铝合金发声器，各种音叉可因其质量和叉臂长短、粗细不同而在振动时发出不同频率的纯音。在教学中，常用音叉演示声音的共振现象，实验做法为：桌面上穿穴，插入音叉一柄。以针插入软木，为小锤，以丝线锤一小纽扣，令近音叉之一股，以软木锤击彼股，见纽扣跃动，足证音叉之颤动与，

---

① 　狄邦就烈. 圣诗谱［M］. 上海：美华印书馆，1907：2.

纽扣何以每次跃出等远，渐令纽扣低下，则有何效？令纽扣在二股之中间，则有何效？[1] 用定音仪做声音的干涉实验：取音叉之下有空盒者，令之发声，疾持之，向一磨光墙前进，旋即却行离墙，乃细查所有之声阻，且声阻不止一处，能求得否？[2]

（2）赛轮实验。大声浪机的撒法特法测量转轮的频率，一般"匀转二分时后查计数轮，知轮转次，以倍轮齿之合，以一百二十除之"[3]，即得此时轮的旋转频率。赛轮则利用这个原理来测量声音的频率，特别是对一些高频声音，只能通过这种仪器进行测量。以赛伦[4]记之是较精密的计算声的频率的方法，赛轮（sirene）是音译过来的，是由它的发明者法国工程师、物理学家德拉托尔（Cagniard de Latour，1777—1859）于 1819 年发明的，赛轮也可听水下的声音。用赛轮测得蚊子的翅膀振动频率为"一千五百"[5]赫兹。

（3）独弦琴实验。所谓的独弦琴（图 5-2）是专为研究声学知识设立的，并不具有演奏的实际意义。它一端固定，另一端通过在托盘中加入相应的砝码来改变琴弦的拉力，用来改变琴弦在振动时的频率。独弦琴的发声原理，主要是琴弦颤动造成的，但是耳所听的，非弦之动也，乃空盒及其内之气也。[6]

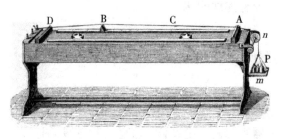

图 5-2　独弦琴[7]　　　　　　　　　图 5-3　舌琴[8]

① 何德赉. 最新中学教科书：物理学［M］. 谢洪赉，译. 上海：商务印书馆，1904：177.
② 何德赉. 最新中学教科书：物理学［M］. 谢洪赉，译. 上海：商务印书馆，1904：189.
③ 赫士，朱保琛. 声学揭要［M］. 上海：益智书会，1898：5.
④ 《声学揭要》记为赛伦，而文会馆实验室记录为赛轮。
⑤ 赫士，朱保琛. 声学揭要［M］. 上海：益智书会，1898：6.
⑥ 赫士，朱保琛. 声学揭要［M］. 上海：益智书会，1898：11.
⑦ ATKINSON E. Elementary Treatise on Physics：4th . New York：Willian Wood，1893：247.
⑧ ATKINSON E. Elementary Treatise on Physics：14th . New York：Willian Wood，1893：251.

（4）口琴实验。口琴也称嘴琴，公元 1821 年，有一位法国的钟表匠叫弗里德利克·布殊曼（Christian Buschmann），加有一根可以变换半音按键的口琴（我们称之为半音阶口琴），据考大概是在西元 1885 年后才被研发出来。文会馆实验室的口琴与现代我们所说的口琴还是有一定区别的。"琴嘴可以口或风箱吹令发声，"而"返者如是气即颤动而成声"。现代的口琴更像实验室所说的舌琴（图 5-3），以"薄硬铜片做舌"，"其发声之大小，视气入之速率"。[①]

二、声音的传播

声音是一种纵波，它的传播需要媒介，而且媒介的密度越大，声音传播的越快。声音在空气中的传播速度大约是 340m/s，真空中并不能传播声音。而且声音还像其他波一样也可以发生折射。

（1）无声铃仪实验——证明真空不可传声。玻璃罩内，放置一自鸣钟，吸尽天气，钟虽击而不闻声。[②]地上的声音再大也不可能到达其他的日月星辰，声音传播有赖于大气，《声学揭要》特别指出并非只是大气才能传声，其他气体也能传声。[③]初中物理课本研究声音的传播也采用了类似的实验——真空罩中的闹钟实验：把正在响铃的闹钟放在玻璃罩内，逐渐抽出其中的空气。现象是声音越来越小，直到听不到声音。

（2）声的折射实验。光能折射，声音也能，声之被折亦与光热同理。文会馆用哥路第恩球满储二氧化碳，来测试声音的折射现象。哥路第恩球（图 5-4），即火棉胶球是一种有弹性的球，可用来做声音的折射实验。若从密率小之物（如空气），入于密率大之物（如玻璃或二氧化碳之类）则亦折射，聚于一点。试以铜圈两面，镶以凸形薄片（以照相用之棉花药胶皮为最宜）中灌二氧化碳。置时表于甲，则在凸盒后之一点乙，闻表动之声，最为清楚，甲乙两点，同在凸盒轴上，盖表声为炭气所折射，而聚于乙点也。平常实验，可以用

---

①　何德赉. 最新中学教科书：物理学［M］. 吴光建，译. 上海：商务印书馆，1907：41.

②　丁韪良. 增订格物入门：气学卷［M］. 北京：京师同文馆，1889：47.

③　赫士，朱保琛. 声学揭要［M］. 上海：益智书会，1898：1.

胶皮小气球，实以炭气而试之。[①]这里所说的胶皮小气球即哥路第恩球。

图 5-4　哥路第恩球

三、声信号与光信号的转化

（1）声光镜（图 5-5）实验。论以光显生源之颤动。其原理为通过声信号的颤动来改变光信号，从而记录声信号。有声电影"片上录音法"——在声带片上用对光的操控录制"波纹型""声带"的工艺，其本质就是声光镜的原理，也就是现代常说的光学录音的原理。声光镜结构原理为：两正交震动相合，如图所示，布置两调音叉，使其向做正交，一平一直，若纸平者震动，则得一平光线。若纸直者震动，则纸得直光线。若两者同时震动，则光线形式甚多，视其每秒之震动次数而变。若得其光线形式，则知两叉震动次数相比之率。[②]

光学录音就是利用了声光镜的原理，利用胶片对不同曝光量产生不同感光密度的特性，把传声器所获得的声音转换为相应的模拟光信号，并把声音记录下来。光学录音的优越性在于它所录制的声音和画面一起印在拷贝上，这样既降低了制作成本、保证了声音质量，又使放映时的声画同步。1931 年，上海华光片上有声电影公司最先采用光学录音方式拍摄有声电影，而国产第一部光学录音有声电影是天一公司摄制的《歌场春色》。[③]而这种声光同步的基础即是声光镜技术。

（2）声光筒（图 5-6）实验。是以灯光显声的方法，所用的仪器是声光筒，

① 何德赉. 最新中学教科书：物理学［M］. 吴光建，译. 上海：商务印书馆，1907：25-26.

② 何德赉. 最新中学教科书：物理学［M］. 吴光建，译. 上海：商务印书馆，1907：68.

③ 王旭锋. 中国有声电影的诞生［J］. 现代电影技术，2008（12）：55.

A 为一管，分为左右两节，中隔以薄膜，右节有两嘴，一嘴所以烧煤气，另一嘴有塞门，煤气自此而入。左节连胶皮管，或与乐管之静点相通，或与收声筒相接。M 为方器，四面有镜，轴连齿轮，轮转则镜转。若向 M 唱乐音，则其气触膜，而膜即震动，煤气感之亦震动，故灯光亦随之而起落，对镜观之，其光做浪形，声停而浪亦止，惟见一光片而已。若向 M 发原音，则镜中之浪作栉齿形。[①]

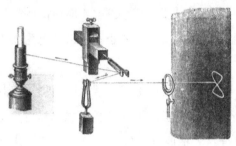

图 5-5　声光镜 [②]

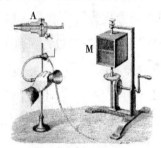

图 5-6　声光筒 [③]

四、声音的增强与减弱

人类最早的助听设备可能就是自己的手掌，将手掌成半圆形喇叭状放在耳朵旁边，就可以放大声音。受到这个启发，一些人先后发明了各种形状的、简单的助听装置，如像嗽叭或螺号一样的"耳喇叭"，像动物翅膀一样的"耳扇翼"，以及很长的像听诊器一样的"讲话管"，等等。到了 19 世纪，人们发现筒状的物体助声效果更好，发明了助声筒（图 5-7）。

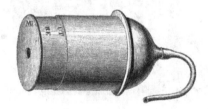

图 5-7　助音筒 [④]

① 何德赉. 最新中学教科书：物理学 [M]. 吴光建，译. 上海：商务印书馆，1907：72–74.
② ATKINSON E. Elementary Treatise on Physics：14th . New York：Willian Wood，1893：267.
③ ATKINSON E. Elementary Treatise on Physics：14th . New York：Willian Wood，1893：271.
④ ATKINSON E. Elementary Treatise on Physics：14th. New York：Willian Wood，1893：237.

（1）助声筒实验。声音的放大实验最常用到的是助声筒，近代早期的一种扩音设备。助声筒常用于帮助乐器提高音量，并逐步改进为扩音器。这种装置助声效果较好，但体积过大，影响了它的普及。直到1878年，美国科学家贝尔（Alexander Graham Bell，1847—1922）发明了第一台炭精式助听器，才逐渐取代助声筒。实验室中的助音筒和现在的扩音器在外形上有很大区别，助音筒用"铜罩后连橡皮管，口加深，可内可外，以之助音甚美"。[①]助声筒的外形"作圆筒式，其持近发音处之平底，可以出进，故内空之处，得以任意为大小，故一筒可以择数音"。[②]

（2）声纹瓣实验。声音既然可分，也可以合音。声纹瓣即合音器（图5-8），合音器即可分某合音之原音与副音，若将所分诸音合之，即可复得某合音矣。[①]合音器是助声筒的一个集合，先把原音与副音分开，再逐个增强，是一般乐器的工作原理。声纹瓣的结构特点有：列电磁十具，每具之前，各列调音叉一，每叉之前，列助音筒一。第一行列五具，皆奇数，第一原音叉，振动次数为一，副音叉之奇数者，则为三、五、七、九。副音叉之偶数者，则为二、四、六、八、十。另为一行，复设一定音叉，与第一叉同音，以为电钥叉之一枝，有白金线。与杯中之水银相离少许，以电线连各器于电瓶。[③]

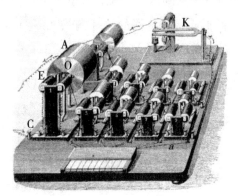

图5-8 合音器[④]

---

① 赫士，朱保琛. 声学揭要［M］. 上海：益智书会，1894：8.

② 何德赉. 最新中学教科书：物理学［M］. 吴光建，译. 上海：商务印书馆，1907：83.

③ 何德赉. 最新中学教科书：物理学［M］. 吴光建，译. 上海：商务印书馆，1907：84.

④ ATKINSON E. Elementary Treatise on Physics：14th . New York：Willian Wood，1893：239.

（3）碍声管实验。两声波"顺则相助而声大，相差半浪则相碍而声减"[1]。基本结构也很简单，两个玻璃管用两橡皮管相连，调节适当长度，在玻璃管一端敲击音叉，在橡皮管一端听不到声音，这一现象是两声波相互抵消造成的。声波在传输过程中具有相互干涉作用。两列声波如果频率相同、振动方向相同相互叠加时就会出现干涉现象。由于声波的干涉作用，常使空间的声波形成大的波峰和波谷（从频响曲线上看似梳状滤波器的效果）。如若两波相位相同，两波叠加后振幅增大声强增强；反之，则两波叠加后振幅减小声强降低，如果两波振幅一样，将完全抵消，这时称为驻波现象。碍声管正是演示声波干涉现象的实验仪器。

五、声音储存实验

爱迪生于 1875 年[2]发明留声机，随后录音技术得到了迅速提高，并被广泛应用到生活中来，文会馆时期的录音技术还处于发展阶段，因此储声机、写声机还是研究录音设备的基本仪器。

（1）实验室的录音设备仪器有储声机、印音轮。储声机、留声机（现代的录音机），"储声机而听之"[3]说明储声机兼具放音的能力，是最早的录音设备。

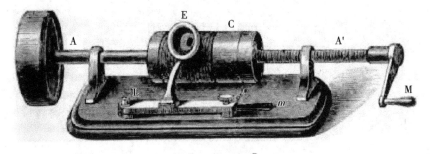

图 5-9　储声机[4]

①　赫士，朱保琛. 声学揭要［M］. 上海：益智书会，1894：9.
②　1877 年 12 月，爱迪生公开演示了留声机，但之前已于 1875 年发明录音设备，只是那时留声机还不具有推广的价值。
③　赫士，朱保琛. 声学揭要［M］. 上海：益智书会，1894：20.
④　ATKINSON E. Elementary Treatise on Physics：14th. New York：Willian Wood，1893：275.

储声机的结构还比较笨重，还是比较初级的录音设备，如图 5-9 所示 C 处为短轴，裹以薄锡皮，长轴上有螺丝纹，贯于短轴中，M 处为手柄，E 处为收声口，口下有机，声著口中平片，平片动像皮圈，像皮圈动小针，小针刺甲轴锡皮。[①]

（2）写声机。写声机的结构如图 5-10，甲为椭圆筒，以石膏为之，长尺半，径盈尺，乙为铜环，上裹薄皮，复以丙环扎之。皮粘猪鬣一根，丁轮之轴，上有螺丝。如摇之转，则轮能旁行，若寂静时，以敷炱之纸，缠于丁轮，摇之令旋，其猪鬣，即将纸上劙一直纹。如自甲筒外端作声，则劙为曲纹，且曲之大小多寡，随声浪而不同。盖作声时，筒中之天气即动，乙环之皮因之，故猪鬣劙纸为纹也。[②]写声机操作也比较简单，摇动把手，就会将声音的代号记录在纸上，但是它并不具有播放声信号的能力。

图 5-10　写声机[③]

六、小结

登州文会馆的声学实验设备主要集中在声音的产生和传播方面。也有像储声机这样的象征当时世界上先进科技成果的仪器，《声学揭要》也是最早介绍储

①　李杕. 形性学要［M］. 上海：徐家汇汇报印书馆，1899：145.
②　赫士，朱保琛. 声学揭要［M］. 上海：益智书会，1894：20.
③　赫士，朱保琛. 声学揭要［M］. 上海：益智书会，1894：33.

声机的物理学书籍。文会馆关于多普勒原理、声的折射现象及其相关条件、写声机、储声机等实验，引进了当时很先进的实验仪器和实验理论。

第三节　气学实验

登州文会馆气学实验室气学器有 20 种：吸空球、吸重盘、轻气球、气稀盘、马路水银管、大抽气机、空盒风雨表、积气泉、吸重斡、气稀瓶、天气球、天气积火筒、水鬼、吸空水银斗、积气筒、空中称、积气瓶、吸气管、哥路第恩球、水银吸气管。气学器相关实验主要涉及大气压相关实验和蒸汽机的原理和应用实验。

一、大气压强实验

（1）验证大气压强的实验。验证大气存在沿各个方向的压强，这样的实验书中讲了四个，都很有代表性，有的实验在现代物理教学中仍在运用。"以玻璃皿盛满水，用坚厚湿纸盖严，陡然倒悬，水亦不流，盖天气托之也。"现代中学教科书也曾讲过这一现象，"什么力使悬空塑料管里的水不会流出来？"[①]

（2）日常生活用品如风箱。风箱在中国古代早已有之，但风箱一词最早见于明崇祯十年（1637 年）宋应星的《天工开物》中第 8 卷冶铸图谱上，已经普遍地出现了活塞式风箱，宋应星的解说中就称它为"风箱"[②]。它通过活门的调节都可以把空气不断压送到冶铁炉中去，从而起连续鼓风的作用。《格物入门》对这种风箱又有所改进，西国"以皮为之，上下木板，不用机械抽送，一起一落，气自入而风自出"。但文会馆实验室并没有介绍风箱的仪器，以狄考文的能工巧匠是一定能制作出风箱的，可能是因为风箱是常见的生活用品没有列入仪器之中。

---

① 人民教育出版社物理课程教材研究开发中心. 普通初中课程标准实验教科书八年级下册［M］. 北京：人民教育出版社，2012：39.

② 宋应星. 天工开物［M］. 广州：广东人民出版社，1976：10.

（3）泳气钟。泳气钟是一种载人潜水器，可"以长链放入水底"，其作用是"或因舟溺，水底捞物，或因石阻碍行舟"入水查看，并做出一些简单的处理工作。格致释器中对泳气钟，以玻璃为之，内有小人，上有进气筒，与连下入水，内常进空气，则钟内水不得入，人能呼吸。经过一个半世纪的发展，这种装置已经能够到深海之中进行科学研究工作了。

（4）间流泉实验。间流泉（图5-11）实为一种生活中常见的自然现象，指山中泉水，时流时止，"水满则流，水尽则止"，时流时止故称间流泉。《文会馆志》把间流泉实验当作了水学实验，间流泉与酒撒有一样的实验原理，一方面证明了大气压沿各个方向都相等，另一方面也利用了连通器的原理。

图5-11　间流泉①

（5）吸重鞸实验。吸重鞸实验是一种演示大气压强度的实验。基本做法为：用沾湿的圆皮包裹木墩石墩等物，"按令极严，不使稍有透气"，这样就在大气压的作用下使物体紧紧的成为一个整体，然后把重物提起。吸重鞸的意义在于用非常柔软的圆皮把很重的石墩提起，这在以前是不可想象的，通过这一现象显示出大气压的"力量"之大。吸重盘是一件边缘表面光滑的类似盘子的仪器，当将它扣到物体之上，吸出其中的空气，在大气压的作用下，可以提起物体，

---

①　丁韪良. 增订格物入门：气学卷［M］. 北京：京师同文馆，1889.

文会馆实验室只提到了名字，并没有找到相关的图片，不过在现代物理教学实践中，会经常用到吸盘实验以显示大气压的存在，吸重盘与吸重鞲的原理一样，它是附着在表面光滑的物体之上的。

二、大气压强的证明与测定

大气压的存在，以前并不为人们所认识，直到德国物理学家奥托·冯·格里克（Otto von Guericke，1602—1686）于1657年设计并进行了著名的马德堡半球实验，展示了大气压的存在并推翻了之前亚里士多德提出的"自然界厌恶真空"的假说。但这个实验并没有得出大气压的确切数值，这项工作最终由托里拆利完成。

（1）马德堡半球实验。马德堡半球实验在物理学的发展史上非常重要，它向人们形象地说明了大气压不但存在，而且还非常大。文会馆实验室有吸空球，即《格物入门》提到的马德堡半球。"铁质空球吻合甚严，将气吸尽，虽三十马力不易开之"，但将空气放入，"其球自启"。1654年，在德国马德堡市的广场上曾经做过一个著名的马德堡半球实验。人们把两个铜制空心半球合在一起，抽去里面的空气，用两支马队向相反的方向拉两个半球。当每一侧的马匹达到16匹时，才将半球拉开，并发出巨大的响声。学生实验常利用直径26厘米的压力锅代替空心铜半球模拟马德堡半球实验。

（2）托里拆利实验。托里拆利实验用来求大气压的数值。"以三尺长之玻璃管，一头无孔，灌满水银"，然后将其倒置于水银桶中，水银下落至"二尺一寸三"，同"二百里天气"同"轻重"了[1]。二尺一寸三大约相当于76厘米，这样就测出大气压的数值是76厘米汞柱。与现代中学物理教科书中的托里拆利实验[2]非常接近。文会馆实验室并没有提到做托里拆利实验的仪器，可能是这些仪器太过普遍，没有详述，但提到了马路水银管实验。

---

[1]　丁韪良. 增订格物入门：气学卷［M］. 北京：京师同文馆，1889：5.
[2]　人民教育出版社物理课程教材研究开发中心. 普通初中课程标准实验教科书八年级下册［M］. 北京：人民教育出版社，2012：40.

（3）马路水银管实验。马路水银管实验是一种测量气体压强的实验，根据法国物理学家马略特（Edme Mariotte，1602—1684）音译而来，原理是根据波义耳—马略特定律，即一定质量的理想气体，在温度不变得情况下，它的压强跟体积成反比。《格物入门》书中有关于用水银验证气体涨缩的实验，其用具与马路水银管相似。这是一种简单实用的气压计，当外界气压减小时，水银柱就下降，当外界气压升高时水银柱就升高。在水银管上标上适当的刻度，就可以指示气压的变化了。①

（4）风雨表实验。由于气压的变化往往与风力和降雨有关，因此将测定风力和降水的气压计称为风雨表（图 5-12）。风雨表又名晴雨表是用于测空气压力来预知风雨，可以根据它的水银柱或指针的变化预测天气是晴还是雨。其实验原理是"因天气之轻重以考验风雨故名。"但是对于不同地区也有相应的不同，"盖因天气地势有改移也。"风雨表不但可以测量气压、预测雨晴，还应用到海上行船和越野登山等方面，可见其应用之广。同时风雨表也有其不能克服的缺点，大气压受海拔高度、气温高低影响较大，这也是风雨表实验后来被其他实验取代的重要原因。

图 5-12　风雨表②

（5）空盒风雨表实验。空盒风雨表实验也是用来测定气压数值的实验，只是空盒风雨表是用钢条而不是水银造的风雨表。其形状像"时辰表"，内有"吸

① ATKINSON E. Elementary Treatise on Physics：3th．London：Longmans Green，1868：124.

② 丁韪良．增订格物入门：气学卷［M］．北京：京师同文馆，1889.

空之盒，盘以钢条"，用钢条的弹力来测量外界大气压的大小，与现代弹簧秤的原理接近。空盒风雨表使用简便且"携带甚便"，被广泛使用，然而由于当时的制作工艺等原因，其精度并不如水银风雨表高。

（6）水鬼实验。从《格物入门》的介绍来看，应该是一个玻璃瓶小磁人跳舞的实验。起名水鬼应该是一种口语化的表示，其外观一个有口的玻璃瓶，盛满水并盖严，里面放两个空心小磁人，外面用牛脬给瓶内加压，加压的时候，小磁人下沉，不再加压的时候，小磁人又上浮，"屡握不止"小磁人就"跳舞不休"。书中并没有详细介绍原因，笔者尝试做了类似实验，小磁人之所以下沉，是因为加压时，小磁人内部压强变大，体积变小，浮力减小，所以下沉，同理，减压时小磁人上浮。因此这一装置是一个融合了大气压、浮力以及波义耳—马略特定律知识的一个综合应用实验。由于其表现怪异，被文会馆师生称为水鬼。

（7）水银吸气管实验。水银吸气管是三百多年前"布国俄陀"发明的，可用来吸出器具中的气体，"如欲吸气，将嘴入于器之口内"利用活塞反复操作，"则余气亦吸出"了。还有一种双管吸气管，双管吸气管活塞上装有齿轮，"上下提动"使用"尤为便捷"，这样可以大大提高抽气的效率。

三、大气压强运用实验

被吸走空气的玻璃罩有什么用呢？水的沸点随着压强的降低而降低——可使热水"滚沸"；水果蔬菜保鲜——葡萄柿子之类置于其中"隆然若鲜"；不能传声——铃铛摇动"不闻音声"；燃烧需要空气——点火不燃。

文会馆实验室提到一种气稀瓶实验，该实验是被抽走空气后的一件玻璃瓶，当然受当时的技术条件限制，瓶子是不可能抽成真空的，所以只是将瓶子的气体抽走一部分，所以称为气稀瓶实验。气稀瓶可以做很多物理实验，据《格物入门》介绍有物体的自由落体运动（"鹅毛与银钱"下落实验），和测量空气阻力的实验装置。

（1）自由落体实验。鹅毛下落得慢，银钱下落得快，已经被中国人广泛认可，现在发现在这一个瓶子内，它们居然下落得一样快，这种震撼是显而易见。

这就是现代实验室经常提到的自由落体实验，这个实验最早是由伽利略提出并进行研究的，它不仅证明了空气阻力对不同物体的阻碍效果不同，同时它还证明了重力加速度的存在。格物汇编之格致释器第6部分气学器中也讲到了这一气稀瓶，并有牛顿管的介绍，其形状与现代所用仪器非常接近了；以及小鸟在空气稀薄的地方不能飞翔等。但文中只讲到现象，并没有做进一步的分析研究其原因，突出表现出了入门级的物理书籍的特点。

（2）气稀瓶旋转页实验。这一装置是将旋转页在空气中的旋转与在气稀瓶中的旋转做一比较，从而证实空气对物体运动的阻碍运动。格致释器中对这一装置做出了改进，两组叶轮，其中一组与运动方向垂直，一组与运动方向平行，这样"在空气中"与运动方向垂直的先停下来，当将其全部放入气稀瓶中时，两轮旋转时间更长，并几乎同时停下来。由此可见气稀瓶至少是两套实验装置。

（3）从"气车"到"超级高铁"。《格物入门》中有关于气车的描述：用极光滑的长铁管，加上活塞，内置小车，两边加"火轮吸气管"作为动力，伦敦"曾经制造此车"，作者还非常惋惜"无甚大用耳"。而这一无甚大用的"气车"竟然成为现代"超级高铁"的模型，超级高铁是一种以"真空管道运输"为理论核心设计的交通工具，具有超高速、低能耗、噪声小、污染小等特点。这种列车有可能是继汽车、轮船、火车和飞机之后的新一代交通运输工具。

（4）积气筒和积气泉实验。积气筒实验原理与吸气管几乎是一致的，只是其作用正好相反，相当于现代的打气筒，现代应用非常广泛的打气筒，在那时由于还未有充气车胎的出现，也是"无甚大用"的。还有名为积气泉的实验，原理简单，却非常实用，"西国酒肆用此"取酒。

（5）风力的危害与利用。风力很大的危害就是飓风，如何规避飓风造成的危害，书中做了说明。对于风力的利用有风磨，实为利用了现代风力发电的基本原理。测量风力大小的风称有两种，一是以钢条弹力来测量风力的铁圈风称；二是利用连通器原理制作的水管风称。这两个实验虽然都是测量风力的，但原理却截然不同，水管风称是利用了一个连通器中，不同液面上方的气体压强不同，上面还插有小旗以指示风向，一个水管上标有刻度，利用液面高度的差值以表示风力的大小。

四、其他的气学实验

与大气压有关的实验还有很多，相对应者很多实验仪器，如做无声铃仪实验，就必须用到抽气机，将容器内的气体抽取出来。实验室中也经常用到吸空水银柱来吸取装置中的气体。

（1）大抽气机实验。用于抽取容器内的气体，来制造一个近似真空的实验，如前面所说的自由落体实验和气稀瓶实验都要用到大抽气机来抽取玻璃容器内的气体。这种抽气机（图 5-13）相对之前讲到的抽气机有很多优点，全金属制作，带有大轮的手摇操作装置，齿轮传动，可以连续抽气。现代物理实验室中仍然使用该装置，其原理是一样的。

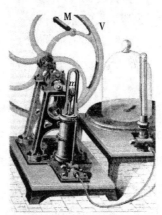

图 5-13　抽气机 [①]

文会馆实验室有吸空水银斗的实验仪器，该仪器是利用水银柱产生的高压强来吸气的，相较其他的吸气仪器实验现象更加明显，也更难于操作。《格物入门》并没有大抽气机和吸空水银斗这些实验仪器的介绍，显然这些更为复杂的仪器已经超出了入门级的物理水平。

（2）空中称（图 5-14）实验。空中称实验是用来演示气体浮力的实验。先

---

① ATKINSON E. Elementary Treatise on Physics：3th. London：Longmans Green，1868：142.

用天平称量一个体积较大的物体，另一边用砝码，在空气中调节平衡。然后用一个大的玻璃罩将它们整个罩住，抽出玻璃罩中的气体，这时由于物体的体积较大，在空气中受到的浮力也较大，而砝码相对受到的浮力较小，当失去空气浮力时，天平将向体积较大的物体一段倾斜。[①] 这个实验证明了，气体与液体一样对物体具有浮力。

图 5-14　空中称 [②]

（3）轻气球实验。轻气球有两种，一是以氢气为填充气体的氢气球，二是热气球。文会馆有很好的化学实验室，先进水平不亚于物理实验室，各种实验器材达到"应有尽有" [③] 程度，制造氢气应该是很简单的事。早期的轻气球则多指热气球，它是利用加热的空气或某些气体使其低于气球外的空气密度以产生浮力飞行。热气球证明了更轻的"物于天气能浮"，空气也是具有浮力的。热气球主要通过自带的机载加热器来调整气囊中空气的温度，从而达到控制气球升降的目的。热气球是法国人蒙特哥菲尔兄弟发明的，1783 年 11 月 21 日，蒙特哥菲尔兄弟将他们精心制作的热气球在巴黎市中心放飞，飞行时间 25 分钟，创造了人类首次升空的历史。以后约瑟夫·路易·盖－吕萨克（Joseph Louis Gay-Lussac，1778—1850）对热气球进行了改进，并提出了著名的盖－吕萨克定律。

①　ATKINSON E. Elementary Treatise on Physics：3th. London：Longmans Green and Company，1868：133.

②　ATKINSON E. Elementary Treatise on Physics：3th. London：Longmans Green，1868：142.

③　王元德，刘玉峰. 文会馆志 [M]. 潍县：广文学校印刷所，1913：48.

五、丁韪良对海陆风的解释

《格物入门》的解释是"水有返照如镜，热气映回过半"，所以海水热得慢，而陆地"其热全收"所以热得快，因此早晨风向海上吹，晚上风向陆地吹。这样的解释显然不符合实际，打磨得很光滑，返光效果很好的石板，夏天在阳光的照射下，温度也会非常高。另外如果只从返光的角度来看晚上海风的变化则无法解释。现在物理的解释是：夏天，阳光照在海上，尽管海水吸收了许多热量，但是由于它的比热容较大，所以海水的温度变化并不大。土壤和砂石的比热容大约只有海水的四分之一，白天接受相同的阳光照射时，陆地的温度要高于海水的温度，陆地上温度高，热空气上升，海面上的低温空气流过来补充，所以风从海上吹向陆地。夜间在放出热量时，海水的温度要高于陆地的温度，所以早晨海面上的空气温度高上升，陆地上的空气流到海面上，风从陆地吹向海上。因此海陆风是综合了大气压、温度、比热容等知识的物理现象，仅仅从一个气压方面解释是不全面的。

在 18 世纪 50 年代，苏格兰的物理学家兼化学家约瑟夫·布莱克（Joseph Black，1728—1799）发现质量相同的不同物质，上升到相同温度所需的加热时间不同，并据此提出了比热容的概念。19 世纪 50 年代，焦耳已经完成了热功当量的测定并提出了能量守恒定律，而《格物入门》是 1868 年出版的，也就是说在出版这本书之前有关解释海陆风的知识已比较完备。

六、气学实验的几个特点

气体和液体都属于流体，因此气学实验与水学实验联系非常紧密，它们之间有很多相通之处。气体的密度较小，这也造成了气体实验尤其独有的特点。

（1）文会馆实验室气学器应该有很多实验并没有被记录在册。文会馆实验室建立时间有四十多年，其间正是科技高速发展的时代，会有很多实验仪器最初被制作使用，但随着实验室的进步和发展而被淘汰。如《格物入门》中提到的吸管、风箱、酒撒、洋灯、风磨、雨尺的制作非常简单，也是很实用的实验设备，文会馆实验室应该有的，以上这些仪器设备，雨尺往往放到室外，以测雨量；洋灯和风磨容易损坏；酒撒很快被阀门取代；风箱被用作厨房用具；吸管像其他用具如 U 形管太小，没有被记录也就在情理之中了。还有水银风雨表是风雨表的最初形式，研究大气压是不可能绕开水银风雨表的，文会馆实验室有当时更为先进的空盒风雨表，居然没有提到水银风雨表，这对于拥有如此众多实验仪器的登州文会馆实验室是不可想象的，唯一的解释是水银风雨表被移做它用了，因为它有预报风雨的作用，水银风雨表上边还有温度计，更说明了这一点。

因此文会馆气学实验室最少还有吸管、风箱、酒撒、洋灯、风磨、雨尺、水银风雨表及测量空气阻力的气稀瓶装置 8 种实验设备未记录其中，气学实验装置应该最少为 25 种。

（2）注重吸收当时的科技新成果，以课本教材为蓝本，却又不拘泥于教材，实验仪器取材广泛。从文会馆实验室的仪器和教材（包括《格物入门》和《初等物理学》第 3 版和第 14 版）对比可以看到，实验仪器并不是一一对应的，而是很多都有所突破，有的仪器在课本中没有，却在《格物汇编》等科学杂志中能够找到，反映了文会馆的物理教学是持有一种开放式的态度，不断吸收先进的实验和教学理念以充实其物理教学与实验。有的实验仪器是文会馆师生在教学中自创的仪器和实验方法，说明广大师生对该实验理念的深刻理解与掌握程度。

七、小结

本节结合《格物入门》的气学卷和《初等物理学》英译本第 3 版（1868 年版），对文会馆实验室中的蒸气器做了考察。选取第 3 版，是因为它的出版日期与《格物入门》相同，这样便于考察同时期中外物理教学实验的异同点。通过比较不难发现，文会馆实验室气学器相对于国外的学校，也是很齐全的，实验仪器主要有验证大气压的存在以及测量其大小的，如吸空球和风雨表，还有就是利用大气压知识于实际生活的仪器，如积气筒、积气泉等。这部分实验相对较为稳定，内容也就为成熟，没有特别高、新的实验，是大家较为常见的实验。但也发现许多仪器仿造的迹象，如吸重鞲、积气筒、吸气管等，这也印证了狄考文曾经说明有三分之二的仪器是他自己仿制的。[①]

---

① 费丹尼. 一位在中国山东四十五年的传教士——狄考文 [M]. 郭大松，崔华杰，译. 北京：中国文史出版社，2009：114.

第六章
光学和天文学实验

第一节　文会馆的光学教科书——《光学揭要》

　　中国古代有许多的光学成就，然而近代光学知识在中国的传播，还主要是在鸦片战争之后的晚清时期，其中教会学校和传教士担当了重要的角色。他们编撰了一些有关近代光学的书籍，如《光学》《光学揭要》《通物电光》等。《光学揭要》是美国传教士赫士和我国学者朱葆琛共同编译完成的。邹振环将《光学揭要》列入了《影响中国近代社会的一百种译作》，主要讲的是该书对 X 射线的介绍，戴念祖《中国物理学史大系》中的《光学史》[①]也对《光学揭要》这本书做了简要说明，尽管提到书名的论著较多，但尚未有专门研究的论著。《光学揭要》是我国最早介绍 X 射线的书籍，也是第一本中国近代意义上的大学光学教科书。

一、《光学揭要》的内容

　　关于《光学揭要》（图 6-1）的版本史家的研究不多，而且往往说法很笼统。如《中国物理学史大系》之《物理教育史》有关现代物理学的知识讲到，"1898

---

①　戴念祖. 中国物理学史大系：电和磁的历史［M］. 长沙：湖南教育出版社，2002：454.

年,《光学揭要》印行第 2 版,末尾增加'然根光',介绍了 1895 年伦琴发现 X 射线的事迹和 X 射线的一些性质、用途,并简述了阴极射线管的结构。"[1]

赫士在 1898 年版《光学揭要》的序言中明确说明为第 2 版。有学者指出 1898 年之前有 1894 年版和 1896 年版两版。据邹振环《影响中国近代社会的一百种译作》指出《光学揭要》的"初版于 1894 年"[2],可见并没有 1896 年版出版。1898 年版《光学揭要》增加了光学附(然根光)的内容,产生了较大影响,被一些学校用作了光学教科书。

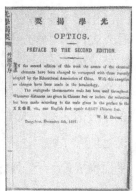

图 6-1 《光学揭要》多种版本

现据 1898 年上海美华书馆第 2 版予以介绍。

赫士在《光学揭要》序中指出:

"光之为用昭昭也。通乎热、邻乎电,散见于日月星辰之间,自古迄今莫之或息也。然惟格致之士兴斯学,于是有专家此篇之由,绪与天文声学相同,皆为本馆诸生起见,爰即累年所讲习,集腋成裘,覆自西国名书中稍加补苴,挂漏之处固有,然大抵不属揭要之类,所用名目以防太繁,其新增者,尤难望尽惬人意,惟求清确易读而已。"[3]

---

① 骆炳贤. 中国物理学史大系:物理教育史 [M]. 长沙:湖南教育出版社,2000:70.

② 邹振环. 影响中国近代社会的一百种译作 [M]. 北京:中国对外翻译出版社,2008:110.

③ 赫士,朱保琛. 光学揭要 [M]. 上海:益智书会,1898:序.

《光学揭要》是译者多年的讲稿加上"西国名书"编译而来。删减了一些译者认为"不属揭要"的部分，而且"稍加补苴"新增加了些内容。

《光学揭要》分上下两卷，共 7 章 189 节 211 个知识点。每一章后面都有光学仪器的介绍共计 32 种，全书共有精美插图 188 幅。

上卷包括 4 章，第 1 章论光之速率与光表，包括 13 个知识点和 8 道课后题，主要讲了光的相关概念、光的直线传播、影子的形成和小孔成像的知识，光速的 3 种测量方法以及常用的几种光表，这章重点和难点是光之浓淡。具体内容：何为光；按光论物共分四类；论光线与光笔；论影；论像。求光之速率诸法：一刘麻法；二富告得法；三费奏法。论光之浓淡；论光表（光学观测设备）；论傅得光表；本孙光表；惠司盾光表。杂问八题：讲了光、光源、光的直线传播；光速的测定、光的浓淡（光照强度）以及相关的光表；还有杂问（八个课后问题）。

第 2 章论反光与反光镜，包括 29 个知识点、31 幅插图和 6 道课后题，该章主要讲的是反射定律及其实验证明，还有常见的一些反光镜。具体内容：论反光；反光之理有二则；论不平之反光面（漫反射）；论反光镜；论平镜反光成像之理（平面镜成像）；论像之实幻（实像和虚像）；论像之方向；论双像；论正交境；论万花筒；论平行镜；两镜之交角半于二像只交角；论反光之浓；纪限仪；论测微角法；论光报；论曲镜；论光心（凹面镜和凸面镜的焦点）；论联光心与虚幻光心；论凸镜光心（凸面镜的焦点）；论寻凸凹镜光心（如何查找凸面镜和凹面镜的焦点）；论凹镜成像之理（凹面镜成像）；论凸镜成像之理（凸面镜成像）；论凹镜成像之公式；论推远法；论平行光；求像之大小；论凸差；论抛物线镜；六道杂问（课后题）。

第 3 章论折光与透光镜（折射），包括 34 个知识点、40 幅插图和 12 道课后题。这是该书的重点部分，主要内容是光的折射定律和透镜成像原理。具体内容有：论折光理；论射角折角（入射角和折射角）；论单折线；论折光指；论折角状；论水中有物俯视显近之理；论限角（全反射）；论海市（海市蜃楼现象）；光过玻璃页被折如何（玻璃砖折射）；论三棱（三棱镜折射）；论差角；论直角三棱；论棱顶角；论最小之差角；求定质折光指（值）法；求流质折光指（值）法；求气质折光指（值）法；定质折光指（值）表；流质折光指（值）表；气质折光指

（值）表；论透光镜；论透光镜聚光散光之理；论透光镜之光心（透镜焦点）；论凹镜之光心（凹透镜的焦点）；论大光心法；欲寻双凹镜之大光心；论光中（光心）；论凸镜成像（凸透镜成像）；论凹镜成像；论凸差；论透光镜成像之公式；论二镜相配法；论物与像之比；求流质折光指（值）；杂问十二题。

第4章论光分色及无色镜，包括18个知识点、19幅图片，这章无课后题。主要内容讲的是光的色散、单色光以及物体的颜色形成的原因。具体内容有：白光分色；精光图；精欲得精者有二法焉；论光图各色为纯色；光图复原；论物何以有色；论间色；论余色；论纯光；论发郎互发线；光图镜；论无折差光图镜；融光图之黑线何解；日与星之光图；以光图测星行向；光图之用；奇光图；论色差论解色差法。

下卷包括3章，第5章论光器，包括32个知识点、35幅图片，主要内容是常见的光学仪器有望远镜、显微镜、投影仪、照相机的原理和使用方法。具体内容有：何为光器；单显微镜；瓦拉斯盾显微镜；磺定盾显微镜；论视径；求单显微镜之目力；论叠显微镜之作法；凸差解法；色差解法；求叠显微镜之目力法；论双显微镜；论远镜；论千里眼；嘎利利汇远镜；论反光远镜；牛顿远镜；侯失勒远镜；透光镜与反光镜之利弊；正目镜；负目镜；求目力法；映画镜；映画幕；绘画镜；论射影灯（投影仪）；论日显微镜；论电显微镜；论照相法；论照相理；诸水之作法：显像水、定像水、金绿水。

第6章论眼（附论光源），包括26个知识点、16幅插图，主要内容有眼睛的结构及成像原理、眼睛常见的问题、色盲、眼镜等。具体内容有：论眼之形具（眼睛的结构）；论正副轴；论眼成像之理；物之远近大小何以测之；论清界；论目力；论眼自制之能（眼睛的自我调节功能）；论视物成体之理；论成体画；论成体镜；照成体画法；论脑网觉光之迟速；论光减脑网不能立觉；论余像；光荣差；睛珠色差；论目视远视近之别；论眼睛；论眼球曲率差；双像差；乱色目；察眼镜；论光源；冷光；论日感冷光；冷光机。

第7章论光相碍（光的干涉），包括31个知识点、26幅插图，主要内容是光的衍射、干涉以及偏振光的相关知识。具体内容有：论光浪之顺逆（光的波动说）；论牛顿镜；论棱弯光；论窄缝所成之棱弯光；棱弯光窗；各色光浪之长短。附论奇折光：透光物分两类；光过第一类被折如何；光入第二类被折如何；颗粒轴；论正负颗粒；双视轴颗粒；论爱斯阑片石；像分常奇；变颗粒；奇折线之故；附论平极光：原光与极光之系；论原光动荡如何；求极光角法；论极光面；论极光表；奴林伯极光表；论折光表；极光入单轴颗粒被折如何；土码琳极光表；尼可镜；论复奇片；论复奇光之理；论复奇片分色之故；论显色环之复奇片；论极光面被转。

光学附，包括6个知识点和8幅插图，主要内容是简介X射线的相关知识，这一部分在底本中是没有的。1898年《光学揭要》第一版也没有介绍，第二版才加入了然根光内容，一年之中出两版，可见译者对这部分重视。具体内容有：然根光；何为然根光；然根光与他光不同；何以知然根光之有无；虚无筒；然根光之用。

从以上对《光学揭要》内容的梳理和研究可以看到，其概念的表述比以前的物理学书籍精确度高、条理清晰，而且由浅入深、层层递进便于教学。如《光学揭要》第3章论折光与透光镜中，关于光自真空进入其他物质的折射率，测量方法科学合理，所得数据极为准确，和现代所用物理教材的数值完全一致。《光学揭要》体现了译者与时代同步的精神。在谈到光、热、电、磁等各种现象时，书中指出，他们或许都与以太（"以脱"）震动有关。在介绍光谱（"光图"）的应用时，则肯定了多普勒效应引起的恒星光谱的红移。这些都是当时世界光学研究的最新研究成果和课题，当然以太的内容是错误的。还有光学附中的然根光距伦琴发现X射线仅两年多的时间，是第一次在国内介绍X射线知识。《光学揭要》中各种实验证明附带精美插图、便于理解，应用性的光学仪器介绍详尽，充分体现了物理学科来源于生活又应用于生活的特性。

二、《光学揭要》内容的特点

《光学揭要》所据底本为《初等物理学》的英译本第14版第7章，但中文译本对原著做了删减，译者也结合自己多年教学经验而写成的。这也使得这本书不但内容翔实，便于教学，还具有了当时其他一些物理学译作不同的特点。

（1）编排合理、内容系统。本书的体例一般是先给出光学定义或定律，然后对定律进行理论证明、实验证明，最后还举出应用说明，其体例与现行的教科书的体例是一致的。这与之前的金楷理口译、赵元益笔述的田大里的《光学》有很大不同。《光学》力求全面系统论述几何光学和波动光学，广度有余而往往深度不足，这一点译者在序言中有所说明："以备观览，并无求传于各国之意。好学之士见此书而乐其简且明也。"[①] 而《光学揭要》则力求由浅入深、重点突出，用大量篇幅重点讲述了光的反射和折射，在讲述光的反射定律时甚至译者增加了导入新课的内容："凡物皆能反光，而所反之多少则不同，多则明少则暗。倘光无所返，可见者惟据光之物而已，而寰宇间究无绝不返光之物？"这种设问加实验的导入新课的方法，至今为众多物理教师采用。

（2）学练结合、宜于教学。在《光学揭要》前三章，每个章末都有一定数量的杂问（课后题）。第一章有八道杂问，第二章有六道杂问，第三章有十二道杂问，每一道杂问后面都有相对应的答案。第一章有三问是关于光的浓淡对比的，这也正是本章的重点，而且紧扣书中的实验和内容。如第三问是"有灯二盏，其浓淡之比，如一比二，相距二尺。问二灯之间其等明处何在？"这一题目紧扣傅德光表内容。有的题目设计很是新颖，如关于影子的形成："太阳高三十度，树影长八十六尺零十分之六，问树高几何？"把一个影子问题转换成了解决实际生活现象。第二章六道杂问中，有五道题是关于凹面镜反射的，只有一道题是关于万花筒的，可见译者对于凹面镜反射的重视。第三章有十二道杂问，有三道折光指（折射率）的问题，凸透镜成像问题有四道，基本符合重点难点的分布情况。课后题的引入开启了一个新的教科书时代，以前的翻译教材是没有课后题的，这就形成教材的新模式——导入新课（实验）——新课教学（概念、定理）——教师演示实验、学生实验——得出结论——课后练习，这与现代物理学的教学模式几乎是一致的。但是《光学揭要》的课后题并没有按照章节内容的顺序设置提问内容，因为底本中没有这部分内容，这可能是译者根据教学实际情况，临时增加的内容，所以显得问题顺序不是很有条理。

（3）实验先行、联系生活。《光学揭要》这本书最大的特点就是实验。无论是学生实验还是演示实验，有明确的实验目的、实验仪器、实验过程和实验结论的，

---

① 田大理. 光学［M］. 金楷理，赵元益，译. 上海：江南制造局翻译馆，1876.

就有 50 多个，而这些实验之中，实验仪器和实验过程是最为突出的两个方面。《光学揭要》开启了中国光学教育专用实验仪器的时代，之前的光学教育和研究是没有专用的实验室和实验仪器的，中国人也很少做实验验证，更买不到实验仪器。

而登州文会馆，仅光学实验仪器就有 60 多种。最为人称道的是，实验室和教材是相配套的，这样极大地提升了教学质量。专用的实验仪器，排除了一些因素的干扰，实验现象非常明显。如用木圈演示反射定律实验，可以在教师的指导下迅速得出反射定律结论，提高了教学效率，这种木圈演示仪在现代中学物理课堂上仍然使用，只是材质不同而已。文会馆的狄考文、赫士等人还自己制作一些实验仪器，并设计实验，如验证漫反射的铂绒灯实验，在底本中没有，应该是师生教学中自创的实验。

（4）光学仪器、种类繁多。书中较为详尽介绍了各种显微镜、望远镜、映画镜、尼可镜、投影仪（射影灯）和照相机等实用性很强的光学仪器，其中尼可镜、虚无筒、光栅为较早介绍。而映画镜作为电影最初的原始形式，也较早的出现在《光学揭要》中。孙健三先生曾高度评价《光学揭要》对我国电影事业的影响和作用，"日语中表示电影的'映画'这一词则源于在山东蓬莱的民办学堂登州文会馆和北京的官办学堂京师同文馆，日文中的'映画'借鉴了这两所学堂的中文教科书——《格物入门》和《光学》中的称谓。"[①]"该书从'论眼''论光'开始，囊括了'映画镜''映画幕''射影灯''照像器''日显微镜'（运用日光进行显微放映）、'电显微镜'（运用电光源进行显微放映）、'X光'成影与放映等教学内容；不仅把'放映术'的学理从长期使用燃烧生光光源进步到电光源时代，并初步构成了'电影前学'领域的学科体系，把我国'视觉教育'的水平，带入了'电影前学'时代，为'电影学'在我国高等教育领域中的出现，在学理、师资、教学器材、教育界及文化界的心理接受层面做了初步准备，也为'电影'和'光学'，在我国高校校园里日后的进一步发展打下理论基础。"[②]

显微镜的介绍尤为详尽，包括当时非常先进的瓦拉斯盾显微镜、磕定盾显

---

① 孙健三. 中国早期电化教育探源（上）[J]. 中国教育信息化，2013（5）：8.

② 孙健三. 中国早期电化教育探源（下）[J]. 中国教育信息化，2013（6）：6.

微镜以及叠显微镜的使用方法等。而且对于显微镜容易出现的问题，如色差，都进行了分析研究并给出了解决方案。"色差有正负之不同，正者即寻常之色差，如紫距镜近而红远，是负者即红近而紫远。"并且给出了求叠显微镜的放大倍数方法。在讲解望远镜时，重点讲了普通光学望远镜及反射式望远镜的原理、制作方法和注意事项。射影灯即投影仪仍然是现代物理课堂上必不可少的教学仪器，其中书中讲到一种双射影灯，底本和其他光学书籍中也没有介绍。照相机在之前的物理著作中多有介绍，特别是我国物理学家邹伯奇通过实验制成我国第一台照相机[①]，但还是主要停留在简单应用基础上，《光学揭要》对于照相机的原理及使用制作，都做了系统的讲解，特别是对于"显像水""定像水""金绿水"的制作做了说明，这在国内物理书籍中还是首次出现。

从内容的选择上可以看出，译者在重视原理的基础上，特别强调物理知识的应用性和实用性，非常符合中国以实用为主的传统科技思想。

（5）精选插图、注重实效。书中共有 188 幅插图，其中大部分是针对光学实验以及实验仪器的。如光的三棱镜散射实验，"设日光自暗室墙间小孔甲射至乙，而于光道中设三棱，则光过之被折而分为红、朱、黄、绿、蓝、青、紫七色，名曰光图。虽分七色而色界难定，乃红渐变朱，朱渐变黄，七色互生，未有定界，而其各色所据之地亦不等，紫最宽，朱最窄。"[②]实验配上插图，一目了然。有些插图解释生活现象，至今在现代中学物理课本中仍在使用。

三、小结

长期以来，《光学揭要》并没有引起学界的足够重视。戴念祖在《中国物理学史大系》的《光学史》中只是认为《光学揭要》"有些术语比《光学》译得好"，"作为中等学校光学教科书，该书内容安排也是恰当的"。[③]对于中学物理教学，《光学揭要》内容太难，对于理工科大学堂教材难度又偏低。义和团运动

---

① 李迪，白尚恕. 我国近代科学先驱邹伯奇［J］. 自然科学史研究，1984，3（4）：380.

② 赫士，朱保琛. 光学揭要［M］. 上海：益智书会，1898：17.

③ 戴念祖. 中国物理学史大系：光学史［M］. 长沙：湖南教育出版社，2002：454.

后，译自日本的物理教科书大量涌现，特别是饭盛廷造的《物理学》。这些教科书大多包括力、热、光、电等内容综合性更强，术语更为规范，比较适合当时清廷新制定的学制标准。而且《光学揭要》译者赫士博士在建立山东大学堂之后，把更多的精力放在了基督教信仰研究和翻译著述传教著作上面。因此该书在 1899 年版后渐渐淡出了人们的视野。但是这本开启中国光学教育实验大门的著作，是不应该被忽略的。

第二节　光学实验

狄考文对光学和仪器非常关注，他在 1874 年 2 月的日记中记述了关于那一年在神学班的工作：（我）准备了一些演示光学的器物，也装配了一台摩擦生电设备，并为我的电机制作了大量小物件。我用氢氧爆气光放了两个晚上幻灯。[①]事实上，光学仪器，特别是幻灯片成为狄考文最初吸引和招收学生的主要方法之一。

登州文会馆物理实验室光学器主要有：极光镜、映画镜、双凸镜、隔光帘、折光池、旋转机画、手转机画、凸镜、显微镜、平行镜、照面镜、棱光窗、光表探、新万花筒、显微镜画、凹镜、活角镜、绘画镜、间色镜、三棱瓶、竖电池、直角三棱、极光镜表、光表、万花筒、钝角镜、牛顿镜、肥皂圈、折光表、爱斯兰石、比路斯得、光原、活画轮、奇妙灯、轻养灯、差角表、凑巧画、显微镜槽、量直角镜、光窗、尖锥镜、铂绒灯、分影镜一、分影镜二、返光镜、三棱玻璃、返光凹镜、胍镜、存光板、七色轮、留光管、黑方镜、双凸镜（应该是作者笔误，前面已有双凸镜，此处应该是双凹镜）、返光凸镜、直角三棱、千里镜、双远镜、然根光诸器、试流质折光器、大直角返光镜。

登州文会馆的光学实验室建设经历时间较长，物理教学内容也经历了由使用《格物入门》的《火学》，到使用《初等物理学》英译本，再到其汉译本《光学揭要》的变化。其实验室内仪器也不断地进行更新换代，下文主要依据 1898

---

① 费丹尼．一位在中国山东四十五年的传教士——狄考文［M］．郭大松，崔华杰，译．北京：中国文史出版社，2009：144.

年版的《光学揭要》和《格物入门》第三卷《火学》两部教科书及相关教材，对光学实验室及仪器进行梳理。

一、光的直线传播与光表实验

其相关实验仪器有隔光帘、光原、伦傅德光表，本孙光表、惠司盾光表和光表探。光的相关概念、光的直线传播、影子的形成和小孔成像的知识，长期以来一直是中国传统光学所关注的内容。光速的三种测量方法以及常用的几种光表，则是西方近代光学发展的结果。

隔光帘是做影子实验的仪器，其结构类似百叶窗，这样便于观察影子边缘的变化，得出光线直线传播的结论。通过考察光的直线传播和影子形成的过程，对外虚像和内虚像形成的原因进行了分析，得出点光源的影子特点"光自一点发着，有内虚而无外虚也。"而有体光源则既有内虚像又有外虚像。

（1）小孔成像（图6-2）实验。中国古代的《墨经》中就有小孔成像的记录，墨子和他的学生，做了世界上第一个小孔成倒像的实验，解释了小孔成倒像的原因，指出了光的直线进行的性质，这也是对光直线传播的第一次科学解释。而《光学揭要》的小孔成像则使用了"暗室小孔""孔若大即不能见像"，并分析了原因。这种暗室效应，使实验现象更加清晰，这也是照相机的基本原理，如果在暗室内加入感光底片，就可以制成一架简易的照相机了。

图6-2　小孔成像[1]

（2）光表实验。《光学揭要》提到光表时指出，"光表者以烛光为准，较比它光之浓淡者也。"（蜡烛是特制的，姑且称为标准蜡烛吧）显然光表测量的是光源的发光强度和照度。

---

① 赫士，朱保琛. 光学揭要［M］. 上海：益智书会，1898：2.

说明光表是先测定光源的照度与烛光相同，而后比较距离。因此这种光表测得的并不是一种精确的数值，而是一种与特定光源发光强度的粗略比较。书中介绍了三种常见的光表，分别是伦傅德光表、本孙光表和惠司盾光表，而文会馆实验室内只笼统的提到光表和光表探，以狄考文和赫士对待科学教育的认真态度，以及光学实验室已经建立三十多年来看，这三种光表应该是都有的。

文会馆光学实验还有一种称为光表探的实验，书中没有介绍，笔者从《光学揭要》的底本《初等物理学》英译本第 14 版查到，有一种 Hefner-Alteneck lamp 灯是由德国科学家赫夫曼（Hefner Alteneck，1845—1904）在 1884 年发明的，他使用这种灯作为研究光照强度的一个标准，并规定了发光强度单位，因此实验室中提到的光表探就是赫夫曼灯。

二、光的反射实验

光的反射历来是光学教学的一个重点。光学实验室中光的反射这部分的实验仪器很多，有双凸镜、凸镜、新万花筒、万花筒、平行镜、留光管、照面镜、凹镜、活角镜、铂绒灯、返光镜、返光凹镜、双凹镜、返光凸镜、大直角返光镜、奇妙灯等 16 种之多。光的反射还分为直面镜反射和曲面镜反射。

（1）"留光管"实验。这一部分是英文底本中没有的，是赫士加上的内容，留光管这一实验也应该是狄考文和赫士等人创制的。书中先介绍的是"物皆能返光"，但是"返之多少"不同，要研究的是"究寰宇间无绝不返光之物？"[①]。留光管的构造为"筒内涂炱，底镶玻璃"，实验结论是"盖铜片无返光故也。"与实验之初的物皆能返光有冲突了，从上下文看，作者的意思是铜片返光太少，所以"黑甚"的表述显得不够严谨。

（2）反射定律之反射角与入射角恒等实验。用到了木圈，同时木圈还很好地证明了入射光线和反射光线"俱在正交返光面之一平面内"[①]，但书中并没有提出明确的法线概念，所以理解和表述反射定律并不能做到很严谨。木圈材料

① 赫士，朱保琛. 光学揭要 [M]. 上海：益智书会，1898：7.

采用木质结构，在受潮以及外力作用下会变形，给实验造成误差甚至错误，这或许是文会馆实验室中没有保留木圈的原因吧。《光学揭要》还使用了经纬仪进行实验，经纬仪在文会馆实验室被列为天文实验室仪器，事实上，众多的天文仪器在光学实验中都有广泛的应用。

（3）漫反射实验。漫反射是投射在粗糙表面上的光向各个方向反射的现象。当一束平行的入射光线射到粗糙的表面时，表面会把光线向着四面八方反射，所以入射线虽然互相平行，由于各点的法线方向不一致，造成反射光线向不同的方向无规则地反射，这种反射称为漫反射。这种反射的光称为漫射光。

《光学揭要》对漫反射的定义是："日光至地，无暗……微质皆有返光四散之能也。"[①] 日常的漫反射现象比较容易理解，但微质的漫反射相对不太好接受，因此作者引入了漫反射微质实验。这个实验在底本中是没有的，应该是作者在长期的教学实践中，由师生自创的"铂绒灯"实验。"玻璃杯底衬黑绒"，灯光射入时由于黑色返光很少，所以杯子黑暗"如故"，当杯子内"燃有纸烟"则"较明"，其原因是"微点有返光之能"，这样就直观地说明了微质的漫反射现象。这个实验设计的很巧妙，用的实验器材不多，而且释放烟雾前后的明暗对比明显，更便于学生接受和理解。关于微质漫反射的现象和实验，在现代的初高中物理教材中却很少涉及。

（4）平面镜的返光成像实验。《格物入门》第三卷《火学》下章光学中较为详细讲解了光的反射而形成倒影的原因和生活常识。文会馆光学实验室中有照面镜作为实验用仪器，也能较为准确地反映实验的原理。

（5）正交镜实验和平行镜实验。实验室用到的仪器有：新万花筒、万花筒、大直角返光镜、平行镜，其中最能吸引学生好奇目光的要数万花筒了。《火学》中并没有介绍万花筒的情况，而《光学揭要》则较为详细地介绍了万花筒的制作原理，还讲到新旧万花筒，这种光的反复反射产生的美妙图景至今令很多小朋友所爱不释手。而平行镜实验则为正交镜实验的一种特殊情况，即正交角度为零度，成像虽多，但明暗程度逐渐减弱。

---

① 赫士，朱保琛. 光学揭要［M］. 上海：益智书会，1898：8.

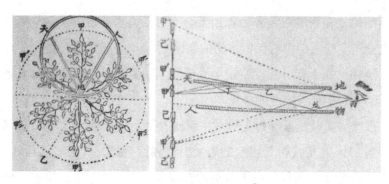

图6-3　万花筒和平行镜[①]

（6）纪限仪的应用。纪限仪登记在天文实验室内，但其原理也是光学反射定律的重要应用，常被应用到航海中。这也是较为烦琐的一件光学仪器，要求精度很高，在天文仪器中有较详细的介绍。

（7）曲面镜成像实验。相关实验包括测定凹镜的光心和凸镜的虚光心，其中测定凹镜的光心较为简单，直接把凹镜放在正对的太阳光下，找到那个最亮的点即可。凸镜的光心是虚光心，并不是实际光线会聚而成，所以测定起来有一定的难度。为此《光学揭要》的作者介绍了一个求凸镜光心的方法，先用"纸糊其面"，而后"挖一小孔"，再通过反向延长线作图法确定其光心。这一方法在现代凸镜教学中还有应用。对于利用凸镜和凹镜成像的实验也较为简单明了，并通过总结实验现象得出了凸凹镜成像的公式。

（8）奇妙灯实验。这一实验是曲面镜反射的一个重要应用，当时较早的室外照明用具。这种灯即是《光学揭要》书中提到的抛物线镜，其曲面是抛物线的一段，把光源放在其光心上，反射的光则平行射出，"以之悬于永巷深宫，则无远不照洵美器也。"奇妙灯的出现是对于早期的室外照明革新性的进展。

三、光的折射与成像

光的折射是指光从一种媒介进入到另一种媒介时，光的运行线路发生变化的现象。实验室中常做的实验是折光池和折光表，主要是用于测量液体的折射

---

① 赫士，朱保琛. 光学揭要［M］. 上海：益智书会，1898：10.

率。实验仪器主要有：折光表、折光池、棱光窗、肥皂圈。

（1）折光表实验。折光表（图6-4）又称圆表，是测量和验证各种液体相对于空气的折射率的仪器，也是用来演示折射定律的实验，它实际上是一种类似改进版的木圜。用折射表验证的内容有：一是来角与折射角同在一个平面内；二是所过之两居间物不变者，来角正弦，与折射角正弦，相比之数不变。试验方法为：设居间两物为空气与水，以架承圆表其周刻角度，表之一面置器盛水，水面适至圆表之心点。光从子来，射于丑镜上，反射入管。穿心点丙入于水，丙甲能绕心点而转，上有游表，以量角度。光线入水之后，则折射，从丙寅而出，亦有游表以量角度。如是则得来角与折射角，验得其正弦相比之数不变。若欲经得两角正弦相比之数者，则平置两直表，以量甲与乙离正垂轴之远近，从而证明折射定律的第二部分。[①]

图6-4　折射表[①]

（2）折光池实验。折光池（图6-5）实验是用来演示光从空气中进入液体（一般为水）发生折射的现象的实验。实验要求玻璃不可过厚（如果玻璃过厚，则容易在玻璃内部即发生折射影响实验效果），清晰明亮，便于观察。若光线

① 何德赉. 最新中学教科书：物理学［M］. 吴光建，译. 上海：商务印书馆，1907：33-35.

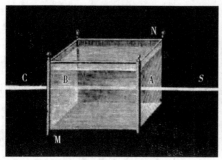
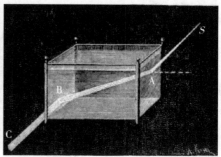

图6-5　折光池

与水平面成一小角度者，则光线折射入水，及其出水，也亦折射而出。光线所自来之向曰来向，折射之向所成之角曰折射角。①

　　（3）透镜成像实验。透镜根据其厚薄特点，又分为凸透镜和凹透镜，最常用的透镜是双凸透镜和双凹透镜。凸透镜是边缘薄、中间厚，至少要有一个表面制成球面，亦可两面都制成球面的透镜，即双凸透镜。可分为双凸、平凸及凹凸透镜三种，其中双凸透镜应用最广。凹透镜是边缘厚、中间薄，至少要有一个表面制成球面，亦可两面都制成球面的透镜。可分为双凹、平凹及凸凹透镜三种，其中双凹透镜应用最为广泛。

四、光的色散实验

　　（1）三棱镜实验。三棱镜是光学上横截面为三角形的透明体。它是由透明材料作成的截面呈三角形的光学仪器，属于色散棱镜的一种，能够使白光在通过棱镜时发生色散。

　　三棱镜用于验证分光实验，始于牛顿。学士牛东（牛顿）始用三棱镜分日光为七彩，各有其色，不相混杂。实验方法是：以一室紧闭，昏暗如夜，在一窗上穿一小穴，使日光少许射入室中，用三棱镜承之，镜后又用白板一方，受过镜之光，则见板上分紫、青、蓝、绿、黄、赤、红七色。实验现象是：上下

---

① 何德赉．最新中学教科书：物理学［M］．吴光建，译．上海：商务印书馆，1907：33-35．

做长圆形，斑驳离奇，粲然悦目，非视见之几难深信。[1]做光的折射定律实验的三棱镜仪器主要有：试流质折光器、三棱瓶、直角三棱、直角三棱、三棱玻璃。

三棱镜是 16 世纪由耶稣会传教士利玛窦传入中国的。据他记述，当清朝人第一次看到三棱镜时"惊得目瞪口呆"（图 6-6），因为"镜中的物品映出漂亮的五颜六色。在中国人看来，这是新鲜玩意儿"。[2]当时中国人多称它为五彩石，"五彩石亦用药制成者，琢作镇纸，体具三棱，著眼下向有物处照之，目、镜所遇，瓦砾草木尽成五色。"[3]由于光的色散实验是牛顿于 1666 年才提出的，因此耶稣会传教士虽然把三棱镜传入了中国，但他们自己也并不知道白光是由几种单色光构成的。

图 6-6　透过三棱镜看到物体的虚像[4]

晚清的徐寿和华蘅芳在《清史稿·徐寿传》中介绍徐寿的时候，有这样的记载：

道、咸间，东南兵起，遂废举业，专研博物格致之学。时泰西学术流传中国者，尚未昌明，试验诸器绝妙。寿与金匮华蘅芳讨论搜求，始得十一，苦心研索，每以意求之，而得其真。尝购三棱玻璃不可得，磨水晶印章成三角形，

①　李枨. 形性学要［M］. 上海：徐家汇汇报印书馆，1899：283.

②　利玛窦. 利玛窦中国札记［M］. 何高济，译. 上海：中华书局，1983：149，151，164，190，283.

③　戴念祖. 中国物理学史大系：光学史［M］. 长沙：湖南教育出版社，2002：346.

④　何德赉. 最新中学教科书：物理学［M］. 吴光建，译. 上海：商务印书馆，1907：46.

验得光分七色。[1]

徐寿和华蘅芳是身处开放程度较高和经济较为发达的华东地区,连一个微不足道的三棱镜都买不到,需要自己用水晶印章磨制,可见当时实验仪器特别是玻璃仪器的匮乏。而几乎处于同时期的登州文会馆仅光学实验仪器就有60多种,是当时非常好的物理实验室。

(2)直角三棱镜(图6-7)。这是一种常见的三棱镜,其正负剖面为半方,"光线从子来,正射于其边上,不折射而直过,及其至斜边丁,因为角四十五度,大于限角(约42°即全反射角),故亦不折射,而全反射,入于观者之目。直角三棱应用甚广。"[2]

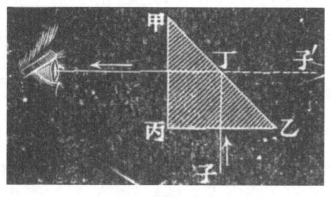

图6-7 直角三棱镜[3]

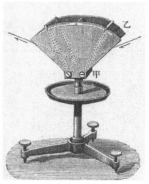

图6-8 三棱瓶[3]

(3)试流质折光器实验。实验所用仪器为三棱瓶(图6-8),这一实验是验证并测算流体的折光率的。三棱瓶折光器是以扇形铜片两块如甲乙,相与平行,置于架上,两端镶玻璃片,开合自如,以变其相交之角,内盛清水,这样就得到了一水制的三棱镜。"其棱角之大小,得以任意更改之,验得棱角变大者,离角随之变大。"[3]该实验就比较明显地验证了水的入射角与折射角之间的关系:入射角越大,折射角也越大。

① 赵尔巽. 清史稿:徐寿传 [M]. 中华书局点校本,1978.

② 何德赉. 最新中学教科书:物理学 [M]. 吴光建,译. 上海:商务印书馆,1907:48.

③ 何德赉. 最新中学教科书:物理学 [M]. 吴光建,译. 上海:商务印书馆,1907:47.

图 6-9　七色轮 ①

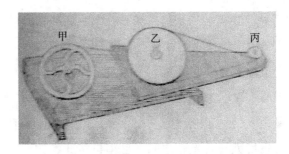

图 6-10　间色镜 ②

（4）七色轮色散实验。七色轮（图 6-9）是牛顿发明的，以纸朴作轮，心与边皆黑，从轮心至周，分为五分，每一分内粘色纸七条。其色纸之次序宽窄，与光带同。若转轮甚速，眼见之以为同时并见七色。故见白光，惟并非纯白。因颜色不纯，而色纸宽窄又未能尽与光带合故也。③

（5）间色镜实验。间色镜（图 6-10）是验证两色或者多色是否可以混合的光学仪器，凡二色相合不成白色者即为间色，如红蓝合为玫瑰色是也。可将不同色之纸片置于旋转机小轮之丙，转至极速目力不及，而诸色严于目合，遂视为间色矣。④ 做光的色散实验还有其他一些仪器：旋转机画、手转机画、肥皂圈、活画轮。

五、光学元器件的应用实验

这部分的实验主要包括显微镜的应用、望远镜、幻灯机和照相机等的应用。

（1）显微镜、显微镜画、显微镜槽。显微镜是用于放大微小物体成为人的肉眼所能看到的仪器。它利用了凸透镜的成像原理，即将物体放在凸透镜的焦距内，则成正立放大的虚像，且距焦点越远像越大，这样由一个透镜或几个透镜的组合构成的显微镜，将物体反复放大，就能看到更小的微观世界。16 世纪

① ATKINSON E. Elementary Treatise on Physics：14th. New York：Willian Wood，1893：552.

② 赫士，朱保琛. 光学揭要［M］. 上海：益智书会，1898：35.

③ 何德赉. 最新中学教科书：物理学［M］. 吴光建，译. 上海：商务印书馆，1907：84.

④ 赫士，朱保琛. 光学揭要［M］. 上海：益智书会，1898：35-36.

90年代，在荷兰的米德尔堡，扎卡莱亚斯·詹森（Zacharias Janssen）制造了人类历史上第一台真正意义上的显微镜。

显微镜有单显微镜（图6-11）和叠显微镜（图6-12）之分，单显微镜者即大光心距镜近之双凸镜也，所欲察之物，亦须在大光心内。叠显微镜有最简者，有聚光镜二，一曰物镜，一曰目镜。二件相距合宜，令物镜成物之放大像，真而倒，在目镜与其光心之间，目镜再将此像放大，人目视之，则见倒像。[①]显微镜画是为专门测试显微镜所用的画片，清晰度更高，也便于观察。

图6-11 单显微镜[②]

图6-12 叠显微镜[③]

（2）千里镜、双远镜。千里镜又称望远镜，双远镜为双筒望远镜。文会馆实验室有狄考文和赫士分别带来的两架口径为10寸的望远镜。望远镜是一种用于观察远距离物体的光学仪器，它可以使本来无法用肉眼看清或分辨的物体变得清晰可辨。望远镜一经发明，即成为天文观测和地面观察中必不可少的仪

---

① 何德赉. 最新中学教科书：物理学［M］. 吴光建，译. 上海：商务印书馆，1907：461.
② ATKINSON E. Elementary Treatise on Physics：14th. New York：Willian Wood，1893：574.
③ ATKINSON E. Elementary Treatise on Physics：14th. New York：Willian Wood，1893：578.

器。1608 年荷兰米德尔堡眼镜师汉斯·李波尔（Hans Lippershey）造出了世界上第一架望远镜。之后伽利略、开普勒、牛顿等人对望远镜做了改进。望远镜是由法国耶稣会士金尼阁（Nicolas Trigault，1577—1629）和德国耶稣会士汤若望（Johann Adam Schall von Bell，1592—1666）于明天启二年（1622 年）入华时携入中国的。[①]

光学望远镜有折射式望远镜和反射式望远镜，折射式远镜有用于观星者，曰天文镜，有物镜和目镜，光线自甚远之物而来，成倒像。在目镜与其光心之间，以显微镜观之，则见大而幻之倒像，是天文镜之理。[②]由于折射式望远镜容易出现色差，逐步被反射式望远镜所取代。

反射式望远镜最初的制造者是牛顿。牛顿采用球面反射镜作为主镜，用 2.5 厘米直径的金属，磨制成一块凹面反射镜，并在主镜的焦点前面放置了一个与主镜成 45°角的反射镜，使经主镜反射后的会聚光经反射镜以 90°角反射出镜筒后到达目镜。英国科学家詹姆斯·格雷戈里（James Gregory，1638—1675）在 1663 年对反射式望远镜做了改进，他利用凹面镜做成主镜、副镜各一面，主镜的中央留有小孔，副镜置于主镜的焦点之外，光线经主镜和副镜反射后从小孔中到达目镜，这样就能同时消除球差和色差。但受到当时的技术水平限制，格雷戈里并没有达到他预期的目标。

格雷戈里的反射式望远镜的结构是"以铜质长管作为近目之端，有一银质反光凹镜，中间穿一小孔，以便光线入目，管之彼端有小反光凹镜，大于镜之小孔，其曲率比于大镜者为甚小，……经过多次反射，则见大像。"[③]使用望远镜时，实物概在无穷远处，故先经物镜造成的像，生在物镜的主焦点上。此实像与物镜间的距离，即等于物镜的焦距，同时实像又必生于目镜的焦点上，故实像与目镜的距离，即等于目镜的焦距。望远镜的放大率恒等于物造成的实像与物镜间的距离，对于实像与目镜间的距离之比。换句话说，就是望远镜的倍率，等于物镜焦距与目镜焦距之比。[④]实验室内还有双筒望远镜，更适合于较

①　戴念祖. 中国物理学史大系：光学史［M］. 长沙：湖南教育出版社，2002：347.

②　何德赉. 最新中学教科书：物理学［M］. 吴光建，译. 上海：商务印书馆，1907：113.

③　何德赉. 最新中学教科书：物理学［M］. 吴光建，译. 上海：商务印书馆，1907：117.

④　周昌寿，文元模. 复兴高级中学教科书：物理学实验［M］. 上海：商务印书馆 1935：121.

近距离观察，也扩大了观察范围，双筒望远镜还便于观察者判断与自己的距离大小，携带也很方便，被广泛应用于军事、航海等领域。

（3）幻灯机。幻灯机也称射影灯（图 6-13），此灯之用即于暗室中使小画显大像于白屏。[①]文会馆光学教科书《光学揭要》介绍的幻灯机有很多种，所用之灯不同，或煤气、或轻养（氢氧）、或电，无不可者，亦有用火油者，惟光淡，不甚合用耳。为了增强幻灯片的放映效果，文会馆实验室还设有双射影灯，其使用要点是：或左右并列，或上下安置，务使二像同落一处。[①]随着电灯的发明和应用，射影灯的光源也逐渐被电所代替，射影灯也被归入到电器类仪器了。

图 6-13　单射影灯[②]

（4）照相机。1839 年，法国的达盖尔（Louis Daguerre，1787—1851）制成了第一台实用的银版照相机，它是由两个木箱组成，把一个木箱插入另一个木箱中进行调焦，用镜头盖作为快门，这种摄影方法称为"达盖尔银版法"。它的具体做法是：一面磨光的银铜合金版，置于碘蒸气中，从而在版表面形成一层极薄的感光碘化银。曝光后即放入一盛有加热到 60℃ 的气化水银的箱子里显影。在大约 20 分钟的显影过程中，微小的水银颗粒附着在版上已经曝光的部分形成了画面中光亮部分。用亚硫酸钠（更确切地说是硫代硫酸钠，但亚硫酸钠的称谓沿用至今）溶液冲洗版面，将没有发生反应的碘化物溶解掉，保留下来的银形成了图像的阴暗部分，这样就可以使图像持久。由于只有极薄的水银附

①　赫士，朱保琛. 光学揭要［M］. 上海：益智书会，1898：53.

②　ATKINSON E. Elementary Treatise on Physics：14th. New York：Willian Wood，1893：591.

着在版表面，版必须用玻璃保护起来。[①]

随着摄影技术不断发展成熟，在晚清时期，西方的摄影术开始传入中国，邹伯奇于1844年制成照相机，并拍下了自己的清晰照片。文会馆时期的照相机技术已经相当成熟，狄考文于1864年创办蒙养学堂时招收了6名乞丐儿童，并拍下了照片（图6-14），不过文会馆实验室并没有提及照相机。

图6-14　狄考文刚开办学校时的6名学生（1864年）[②]

六、光的偏振实验

光的偏振实验也称极光实验，是用来研究光的偏振现象的实验。1808年，马吕斯（Etienne Louis Malus，1775—1812）在试验中发现了光的偏振现象。在进一步研究光的简单折射中的偏振时，他发现光在折射时是部分偏振的。光的偏振实验所用仪器为爱斯兰石，爱斯兰石最早发现于冰岛，故又称冰洲石，主要化学成分为碳酸钙。爱斯兰石具有很高的双折射率和偏振光性能，是已知物质中不能人工制造和无法替代的一种天然晶体。饭盛廷造在《物理学》光学部分指出：凡透过丐勒赛得所现某物体之两像，以土墨林片（爱斯兰石），则可确知其光线之为分极光。[③]

---

① 辛格. 技术史第五卷［M］. 王前，孙希忠，译. 上海：科技教育出版社，2004，12：499.

② 费丹尼. 一位在中国山东四十五年的传教士——狄考文［M］. 郭大松，崔华杰，译. 北京：中国文史出版社，2009：90.

③ 饭盛挺造. 物理学：上篇卷四［M］. 藤田丰八，译. 上海：江南制造局，1900：159.

七、小结

登州文会馆光学实验室是仅次于电学的一个很大的实验室，这不仅表现在实验仪器丰富，同时这些仪器涉及知识面非常广泛。包括中国传统光学中的光的直线传播、光的反射和折射、光的平面镜成像、凹面镜和凸面镜成像，以及现代西方光学中的透镜成像、三棱镜实验、色散和光的偏振实验。光学实验室的先进程度还表现在对一些先进实用的实验仪器系统的引进和介绍，这在晚清中国学校是很少见到的，如：照相机、幻灯机（射影灯）、望远镜（千里镜）、显微镜。文会馆实验室还特别注重与当时先进实验室接轨，对实验仪器及时更新换代，如适时引进了 X 射线相关实验仪器，及时将射影灯仪器更换为电射影灯。

第三节　天文学实验

登州文会馆一直非常重视天文学教育，狄考文和赫士都对天文学非常感兴趣，很早就建立起用于观测的天文台。1879 年，狄考文第一次回国述职归来就从美国带回了一架口径 25 厘米的反射式望远镜，实验室中的远镜应该就是这架望远镜。赫士更是在 1882 年来华时，带来一架口径为 10 英寸的天文望远镜。文会馆的天文台应该就是在这个时候建立起来的，另外文会馆还有一座观星台。[①]

天文学教学研究用的器具包括 6 种仪器和 4 张实验室挂图：远镜（径十寸）、天球、天文指表、章动轮、章动表、经纬仪、纪限仪、行星绕日表、恒星表。

一、天文实验相关教材

赫士等人先后编译出版四本天文学书籍（图 6–15）:《天文揭要》《天文初阶》《天文入门》《天文新编》。文会馆毕业生朱葆琛也编译有《最新天文图

---

① 李瑞鹏. 登州文会馆天文教育及其教材《天文揭要》研究 [D]. 上海：东华大学，2016：21.

志》。最有影响的是《天文
揭要》。

赫士在《天文揭要》
序言中指出：

图6-15　与文会馆有关的天文书籍

天文不可少也，即如
分野者赖以定国，航海者
借以计程。余来中华，助
理文会馆事，因取泰西诸
天文书，采其粹精，揭其体要，辑成一编，分上下两卷，共一十八章，按书中
纲领旨趣，归类而列为三，假诸器以步诸曜之经纬，为天文用学，证诸曜之吸
力与行向，为天文力学，论诸曜之形势体质，为天文体学，复列杂问，及星图
与表，是编之作，虽非本自一人，然从路密司者，过半焉。[1]

由此可见赫士编译这本书的目的是更加趋向于实用。《天文揭要》的底本
是路密斯的《天文学论集》（*Loomis' Treatise on Astronomy*）和杨格的《普通天
文学》（*Young's General Astronomy*），《文会馆志》中六年级的课程有"天文揭
要"，[2]而且全年上课。反射镜使学生获得了更清楚的天象概念。文会馆还教授
学生利用经纬仪获取纬度和时间的各种不同方法。[3]说明文会馆学生在1891年
以前已经广泛地使用反射式望远镜和经纬仪等天文仪器了。

二、天文观测研究

天文观测需要先进的仪器设备，实验室具有当时国内外非常精密的仪器，
为天文学的研究打下了坚实的物质基础。

（1）经纬仪（图6-16）。1571年，英国的数学家托马斯·迪格斯（Thomas
Digges，约1521—1595）以"全能测量仪"为标题发表了他父亲伦纳德·迪格

①　赫士，周文源. 天文揭要［M］. 上海：上海美华书馆，1896：序言.
②　郭大松. 中国第一所大学——登州文会馆［M］. 济南：山东人民出版社，2012：7.
③　郭大松. 中国第一所大学——登州文会馆［M］. 济南：山东人民出版社，2012：11.

斯（Leonard Digges）写的关于测量的原稿，他的父亲在 16 世纪中叶的时候就在教测量这门课了，并已经把这个带有方位刻度盘或圆盘和照准仪的仪器命名为经纬仪，并且建议将这套仪器与地形学方面的另一种仪器相结合，后者就是在竖直刻度盘上旋转用以测量高度的照准尺。这种结合后的仪器开始以经纬仪的名字为人知晓。这个仪器被置于单根支柱上或者用一根杆支起来，然后用一根铅垂线使它保持水平，竖直盘和水平盘都被刻上几何矩尺以及度数的标记。[1]经纬仪的结构为：上有千里镜，镜下有一立置铜环，面刻度分，千里镜联于环轴，可以俯仰，即或成为子午仪之用。又有一平置铜环，亦刻度分，则千里镜亦可左右转动，以测平角度，凡测二物之距度或一物之高度，此器皆可公用。[2]实验室主要用经纬仪来测量水平角和竖直角的角度，也用它来验证光的反射定律的相关内容。

图 6-16　清末时期经纬仪

　　（2）纪限仪（图 6-17）。纪限仪又称距度仪，是航海者所必须之器，以测二耀之距离，或一耀之高度，而定船所在之经纬也。[3]纪限仪也是清朝统治者制造的八件大型铜铸天文仪器之一，清康熙十二年（1673 年）比利时传教士南怀仁根据丹麦天文学家第谷的设计，参照明代仪器于铸造这八件天文仪器。纪限仪是中国古代用于测量 60° 角以内的任意两天体的角距离的天文仪器，由现存于北京古观象台的观测平台上，是中国第一台在观象台上使用的纪限仪，丰

---

①　辛格. 技术史：第三卷［M］. 王前，孙希忠，主译. 上海：科技教育出版社，2004：370.

②　傅兰雅. 天文须知［M］. 上海：格致书院，1887：11.

③　赫士，周云路. 天文新编［M］. 上海：美华书馆，1911：20.

富了中国古代天文观测的内容。纪限仪的制作相当困难。为提高观测精度和准确度，必须精确计算和浇筑加工。必须使整个仪器的重心位于座架的立轴上以保平衡。现存的这件仪器的刻划也比古观象台上的其他仪器精细，相对于当时的制作工艺，其测量精度算是很高了。

图6-17　纪限仪 [①]

（3）天文台。文会馆最初建设天文台的具体时间，目前尚未发现相关史料说明。但从相关资料分析，应该是在1882年赫士来华时期，这时的文会馆已经有两架10英寸口径的望远镜了。

三、实验室的图表展示

天文观测研究也离不开一些图表类设备，这样可以更加直观形象的将复杂的天文学知识展现出来。天球仪则是将天文现象展现在实物上。

（1）天球仪。天球仪又名天体仪，是古代用于观测天体运行的仪器，它将星座和恒星表现在实物球体上。天球是一个假想的球，是以地球为中心，以无限远处为半径的虚拟的球，它假定所有的天体都镶嵌在球面上。天球仪是一种用于航海、天文教学和普及天文知识的辅助仪器，利用它表述天球的各种坐标、天体的视运动以及求解一些实用天文问题。

中国的天球仪有些方面显得比欧洲发展缓慢，另一些方面却又较为先进。

① 傅兰雅. 天文须知［M］. 上海：格致书院，1887：4.

虽说到 5 世纪初才出现实体天球仪，的确是为期较晚，但演示用的浑仪至迟在 3 世纪中叶已装有大地的模型，这一措施是极其先进的。[①]一般使用的天球仪，直径在 30 厘米左右。中国北京古观象台上清代铜制天球仪（图 6-18），于 1673 年铸造完成，直径达到 2 米，球上有恒星一千多颗。清朝乾隆皇帝还曾命人制造过一架极为奢华的天球仪——金嵌珍珠天球仪。

图 6-18　1673 年南怀仁天体仪[②]

金嵌珍珠天球仪是由清宫造办处约在 1770 年用纯金打造而成。仪器通高 83 厘米，总质量 5201 千克，天球外壳直径 30.7 厘米，由底座、支架、子午圈、地平圈、赤道圈和球体组成。天球仪上刻有星象节候，以珍珠镶嵌代表恒星。星象图内有三垣、二十八宿，星座三百多个座，约 1330 颗星。天球仪应用了当时的实测天文观测成果，将中国古代星座划分方法与西方星座命名结合在一起，并用不同大小的珍珠来表示不同亮度的恒星，使之成为一件具有实用价值的科学仪器。[③]

（2）章动表和章动轮。由于地球相对于月球和太阳的位置有周期性的变化，它所受到的来自后两者的引力作用也有相同周期的变化，使得地球自转轴的空间指向除长期的缓慢移动（岁差）外，还叠加上各种周期的幅度较小的振动，这称为章动。章动是瞬时北天极绕瞬时平北天极旋转产生的椭圆轨迹，它的产

①　李约瑟．中国科学技术史：天文气象［M］．上海：科学出版社，2013：518．

②　李约瑟．中国科学技术史：天文气象［M］．上海：科学出版社，2013：519．

③　杨鸣涛．清乾隆"金嵌珍珠天球仪"的天文学考察［J］．文物天地，2016（1）：84-87．

生有点类似陀螺的运动，当陀螺的自转角速度不够大时，陀螺的对称轴会在铅垂面内上下摆动。章动是由英国天文学家布拉得雷（James Bradley，1693—1762）于 1748 年发现的，并提出地球章动的主要原因是月球轨道面位置的变化引起的。在天文学上天极相对于黄极的位置除有长周期的岁差变化外，还有许多短周期的微小变化，这也是章动发生的前提条件。章动轮是演示地球章动的仪器，章动表则是反映地球不同时期的章动大小及幅度的图表。章动是较为复杂的天文现象，文会馆实验室通过章动轮和章动表来说明章动产生的原因及特点，对于学生深入研究天文现象是很重要的。

（3）恒星表（图 6-19）。中国最早的恒星表是战国时期齐人甘德和魏人石申绘制的甘石星表，《甘石星经》也是世界上现存最早的天文学著作之一。赫士在其 1911 年出版的天文著作《天文新编》提到了恒星表在天文观测中的作用。恒星表为大观星台要器之一，此表以春分点过午线时为准，不似他表以日过午线时为准也。春分点过午线时，恒星表二针，宜指二十四小时，自春分点过午线至其再过时为恒星日。恒星日与恒星表，皆分二十四小时，而各耀之恒星时（即共经度），即其较春分点过午线所迟之时，若表能无差，则自某耀过午线致其再过，其摆应动八万六千四百次。但无差之表，非人手所能造。故表虽至精，亦须时常对准。每日所迟所速者，为其日差，而数日之总数，为其总差。[1]恒星表是用来给学生展示恒星的位置和星座形状的，也是天文教学的必备图表。

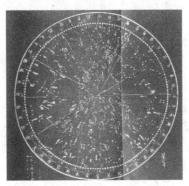

图 6-19　恒星表[2]

①　赫士，周云路. 天文新编［M］. 上海：美华书馆，1911：17.
②　徐光启，潘鼐汇. 崇祯历书：下册［M］. 上海：古籍出版社，2010：1544.

（4）行星绕日表。行星绕日表是讲解太阳系的必备图表，主要是讲述太阳系八大行星绕日公转的特点和规律。行星绕日公转具有同向性（公转方向相同）、近圆性（公转轨道接近圆）及共面性（几乎在同一个平面）三大特征。该表还介绍了彗星绕日旋转的特性：哈雷彗星与行星绕日公转的方向相反。绝大多数短周期彗星是顺向公转的（即跟行星公转方向相同），它们的轨道面相对黄道面的倾角小于45°，有少数（如哈雷彗星）逆向公转，而长周期彗星和非周期彗星的轨道面倾角是随机分布的，顺向公转和逆向公转的都很多。

四、小结

天文实验室是文会馆实验室中仪器种类最少的实验室，但却非常重要。中国历代统治者都非常重视天文历法，早在明末清初，耶稣会士就是靠先进的天文学知识赢得了社会上层的认可和接纳。19世纪，随着望远镜观测技术的逐步成熟，天文学也有了很大的发展，建立大口径的天文观测仪器设备成为共识，文会馆在迁移新校后也建起了两座较大型的天文观测台，促进了近代天文知识在中国的传播。天文观测也有利于更大地激发学生的学习兴趣，激励他们学习科学知识，探索未知世界。

第七章
电磁实验

电学实验室是文会馆最大的实验室，电学实验仪器在文会馆实验室仪器中所占比例超过三分之一，具体包括干电、湿电和副电 3 部分。"电分两种，由干而生者"称为干电，"由湿而生者"称为湿电，[①]副电部分主要是电磁感应和电报技术方面的仪器。其中干电器 63 种、湿电器 39 种、副电器 24 种。

第一节　干电实验

干电实验多为研究静电荷的相关实验。干电部分包括 63 种仪器：电转、电囊、电铃、电日月、吸驱球、量电瓶、雷盾电瓶、侯氏电机、电炮、电瓶、电网、电酒杯、电跌船、电火蛇、电跃水杯、葛利电机架、铀杯、电准、电毛、金页表、电飞毛、虚无筒、正弦电表、做水银屑瓶、电球、电星、电砂、电打鹊、电空球、电鸿钟、电舞人架、活雷盾瓶、电蛋、电龙、电台、电蜘蛛、电皮球、电火字、花雷盾瓶、穰球、电穗、文暑德干电机、琥珀、跳舞盘、电秋千、电舞人、电劈物机、北方晓全具、电称、电堆、电灯、电锡盘、放电义（仪）、电尖堆、无极电表、亨利放电架、电搬、电盒、电鹅、扭力表、象限表、

---

① 丁韪良. 格物入门：电学卷［M］. 北京：京师同文馆，1868：1.

隔电机、否司电机、范克林（富兰克林）电页。

一、电学教学与实验

　　狄考文一直非常重视电学实验工作，这也是文会馆实验室电学仪器种类繁多的重要原因。狄考文的继室夫人艾达（Ada Mateer）曾经记录过狄考文做电学实验的情景：

　　不过，我们大多数人将最长久记住的事情，还是在潍县文理学院实物演示讲解的一堂电学课，以及后来为外人做的电学演示。我们坐在学院一间遮蔽得很黑的屋子里，注视着长串的火花，弯弯曲曲五颜六色的光圈，一位半身照亮的高个子，长着白胡子，穿一身黑色长袍，看上去就像巫术——现在已经是很健康的艺术中的一位老魔法师，唤起了在场的人们的兴致。接下来，迷惑尚未解除，比手相术士更有意思的事情出现了，他用爱克斯光展示了我们每个人双手的骨骼。几个星期以后，我们住处的一位妇女举办了一次晚会，在场的每个人都被亮光从某个角度照着，我们要猜出每个人的名字。有个节目是这样的：一个下巴上粘着棉花胡子的黑衣人上场了，他领来一位年轻人，年轻人在椅子上坐下。这位令人尊敬的老人开始用蒙着黑布的体视镜检查这位年轻人的头，想必是台荧光检查器，在这同时，附近一个锡盒里的闹钟发出噼噼啪啪的静电声。他仔细地进行检查，摇头晃脑，然后宣布他的检查结果说："空的"。在动人的解说现场，狄考文博士用介于演示和娱乐之间的方式，让在场的年轻人自己去学习考查。

　　演示实验是教师或教师和学生合作演示实验过程，展示物理学现象，吸引学生主动的观察、思考、分析实验现象、记录实验数据，进而得出实验结论。狄考文的物理实验课更像是一场表演，他做实验竟然会化妆成老魔法师，狄考文是将实验演示为一场魔法表演，这是符合演示实验的基本原则的。"魔法表演"的最后是揭开谜底，能看到手掌的骨头，不是巫术而是 X 射线，从而也用科学的实验破除了迷信，无疑这样的演示实验是经过精心设计和准备的。

　　狄考文不但在文会馆本校演示实验，还在其他一些场合讲演实验。《格致汇编》记载了狄考文光绪三年（1877年）在格致书院讲演电学的过程：

五月十九日，格致书院请美国格致家狄先生在书院内讲附电气之理法，来听与观之客有五十余人，讲附电气之理甚清楚，用器具显出附电气之性情，最为灵巧。所试演之事，内用抽气筒在玻璃罩内得真空，而真空中通附电气。又用大小玻璃管内有轻气、养气等，令附电气通过，其颜色最为可观。又用细铁丝两条，其两端相近而不相接，令附电气行过，则铁丝成钢丝，生大热而熔化。从此可见附电气之大能力。又用附电气放棉花药，又放爆竹等事。观者无不赞美，无不欢欣。惟附电气之理，非一望而能知之，必详细观专论电气之书，方能知之。此电学为格致最有趣之一门。西人尚未考究其半，每年有人查得新理与新法，间大有益于人者，间有能开人智慧者，令人稍明造化万物之妙。狄先生虽为美国教士，但格致之理法，胸中无不备，无论西国之圣教，与格致博物之教，俱能详细讲论；此两教原有大相关，如能合而讲之，则甚相宜，因格致之学，俱有众人可取可试之凭据。无实凭据之理，则去之不问。而无论何国何教，其教中有与格致之理相反者，则其教必各不正。来中国传教之西人，如能兼行格致之务，则受益不更无穷乎？[①]

这样的演示实验更像是一场表演秀，其实有很多实验以及所用实验仪器在设计上就是为了表演。如电球、电蛋实验通电后的火花四溅、光彩夺目，足以令当时的人们惊叹不已。狄考文热衷于这种讲演的目的就是唤起更多的人关注电学教育和电学实验。

虽然文会馆是如此重视电学教学和实验，却没有出版一本文会馆自己的电学教科书。狄考文本来计划编写一部包括电学在内的物理教科书，但他最终也没有能够腾出时间完成这项工作。后来丁韪良邀请他为其专著修订版撰述关于电学一章时，同样因为没有时间而放弃了。[②]

1895年赫士接任文会馆监督后，同样也做了编译一本电学教科书的计划，准备编译《电学揭要》。1897年，《教务杂志》对《热学揭要》的出版做了报道，并期待着赫士关于电学的新书出版：

①　朱有瓛. 中国近代学制史料［M］. 上海：华东师范大学出版社，1983：182.
②　郭大松. 中国第一所大学——登州文会馆［M］. 济南：山东人民出版社，2012：113.

赫士先生的这项新著作，促进了我们在中国的学校和教师长期以来所承担的许多工作。登州文会馆一直将中国的觉醒作为教育的主要目标之一，该校不仅派遣很多教师到帝国的各个学校任教，而且还提供了许多优秀的教科书给我们使用。

赫士先生已经给我们提供了两本优秀的物理教科书——《光学揭要》和《声学揭要》，现在他又出版了新的一本教科书——《热学揭要》。我们期盼他不久就能给我们另一部关于电学的教科书，这进一步增加了我们对他的期待。

但是，1898年之后，山东地区义和拳运动打破了赫士原先的译书计划。

狄考文主要是依据《格物入门·电学卷》作为教材的，而赫士则主要依据《初等物理学》进行教学。

二、静电荷特性实验

《格物入门·电学卷》对电的解释是"万物中具有微妙之气，运行不已，往返神速，此电气也"。显然丁氏对电气的解释是笼统的、模糊的，这也是因为当时电学正处于日新月异的快速发展时期。正是由于对电的本质并不是很了解，《格物入门·电学卷》将当时的电学分为干电、湿电和副电。最初的干电认识是由摩擦生电，如毛皮摩擦过的橡胶棒和丝绸摩擦的玻璃棒，都会带有电荷，并具有吸引纸屑等轻小物体的特性。文会馆相关的实验如下。

（1）粗纸生电。用铁盘置于玻璃盏上，以粗纸一张，火上加热一下，铺在铁盘上，用手指靠近这张纸，此时有火星冒出，是物体有电荷的证明，但是这样物体带的电荷量都较少，这一实验形象说明万物皆有电荷存在的事实。这一实验不可以在空气潮湿的环境下进行，否则可能导致实验失败。用粗纸生电也是摩擦生电的一个很好的方法，而且这种方法更加生活化，更便于使学生将科学理论与生活实际相结合起来。

（2）电搬实验。也是利用电荷的力学效应来"搬运"一些轻小物体，如小铁钉等，使其发生位置移动。电搬的原理并没有超出静电荷吸引轻小物体的范畴，其"搬运"的物体不仅很轻小，而且效率很低。曾经有人试图利用这一原理试制电动装置，显然并不会成功。电搬实验的目的在于演示电的特性和更多地吸引学生对于电学的兴趣。

（3）电空球实验。电空球（图7-1）是验证电荷集中在物体表面上的实验仪器。用黄铜做一个空心圆球，上面穿一空穴，架在玻璃柱上，这样可以防止电荷流入到地面。黄铜做两半球，用玻璃柄连接，目的是防止电荷流入人体，将两半球迅速包裹带电铜球，然后快速移开，则带电铜球不再带电，而两半球上面带有电荷，说明电荷转移到了半球上面，从而证明电荷有集中到物体表面的特性。实验中需特别注意的一点是半球必须与金属球紧密接触，然后分开，以防止实验失败。电空球实验也是演示带电物体特性的实验，在现代物理学中已经演化为电场屏蔽实验：就是在物体的外围加一个薄的金属网罩，可以保护物体不受外界的电场干扰。这一技术在现代生产生活中仍然具有很实际的意义。

（4）电球实验。在一玻璃球"内贴锡皮，亦窄而长者，逶迤环转，不相触者，锡皮上以刀刻之，以一端通电机，一端通地，嗣以电气纳之，顷刻火光百点，全球大明，其所以然之故，与怪镜之理相同"。[1][2]电球（图7-2）的现象非常光彩夺目，比较适合给刚接触电学的学生和群众表演用，事实上很多电学仪器都具有表演的成分，目的是让人们迅速对电学产生兴趣。

图7-1　电空球[3]

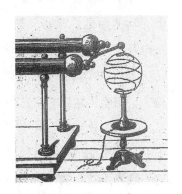

图7-2　电球[4]

① 李杕. 形性学要［M］. 上海：徐家汇汇报印书馆，1899：360-361.

② 《形性学要》是李杕全面翻译自《初等物理学》的译著，虽然作者也做了删减，但保持了原著的基本内容和框架，因此有重要的参考作用。

③ ATKINSON E. Elementary Treatise on Physics：14th. New York：Willian Wood, 1893：717.

④ 李杕. 形性学要［M］. 上海：徐家汇汇报印书馆，1899：360.

（5）电网。电网（图7-3）也是验证电荷集中在物体表面的实验仪器。具体做法是用纱布做尖袋状，给纱布袋传电，袋子的外面都有电荷，但是内部没有电荷，现在迅速使袋子反转，然后再用验电器检验，发现电荷又转移到了袋子的外面。这就证明了电荷是集中在物体的表面，内部无电荷。这一实验的特点在于操作非常简便，一拉网上的小绳子就可实现电荷分布的内外反转。

图7-3 电网①

图7-4 电囊②

（6）电囊实验。电囊（图7-4）是用于验证电荷在尖处最为集中的实验仪器。物体如果是球形，则其电荷均匀分布于球的表面，而若物体形状各异时，则电荷尖体处，电荷最为集中表面弯曲越大，则汇聚电荷越多。电囊实验是电荷尖端放电实验的前奏，电荷在尖端的曲率最大，电量也越大，形成的电压也越大，当电压达到一定数值时，就可能击穿空气形成尖端放电现象。

（7）电蛋实验。电蛋（图7-5）是由子、母两个椭圆形玻璃容器组成。上下有金属所制成的把手，下端的把手有活塞，且与玻璃容器中的球子相连，将这一装置连接在抽气机上，在抽气机的作用下，玻璃容器的空气密度逐渐变小，上端的把手用黄铜焊接，且可以上下活动，这样就可以使子球和母球距离可以随意调节。待到母球中的空气清除后，关闭活塞，然后使下面的把手接地，然后在上面的把手与电瓶相连，玻璃容器中就会充满淡紫色的光。然后打开活塞，

① ATKINSON E. Elementary Treatise on Physics：14th. New York：Willian Wood，1893：718.
② ATKINSON E. Elementary Treatise on Physics：14th. New York：Willian Wood，1893：719.

使空气慢慢地进入容器，则淡紫色的光渐渐消退，变成常见的白光了。[①]因此电蛋用以研究气体的密度和压强对电灯影响的仪器，在现代的电灯、电子管中往往被抽成真空，或加入少量的惰性气体，其中的重要原因即是减少气体压强对电器的影响。

图 7-5　电蛋[①]

（8）电毛和电飞毛实验。用玻璃瓶装一些纸屑和羽毛，在瓶口插入一个铁棍，下方有一个圆球与电瓶连接，当有大量电荷流入后，瓶中的纸屑和羽毛迅速飞扬起来，很多会吸附在下面的小圆球上。该实验目的是演示电场具有吸引轻小物体的作用，显然此实验有表演的性质。做这一实验必须注意应在干燥的环境下进行，否则将会影响实验结果。这一实验虽然也是演示静电荷吸引轻小物体的，但是相对于电搬实验，实验现象更加直观、形象，也更加便于观察。

（9）电转实验。电转是“以十字形之铁条使平，各首俱有曲尖，一顺左旋，下枢纽，可以转运，使接电架，便能旋转不止，因电气由尖放出，驱之使然也”[②]。有用几个大小不同的“纸球插在尖上”，形容星宿的运行的电转。也有“以黄铜作四枝，其梢曲且锐，俱向一方，四枝穿于一钮留尖柱上，柱与电机相通，四枝即旋转如水车”。俄国有一位学者曾使用这种方法来试验以电为动力做电动船，但是由于效率很低没有成功。

①　ATKINSON E. Elementary Treatise on Physics：14th．New York：Willian Wood，1893：774.

②　丁韪良．格物入门　电学卷［M］．北京：京师同文馆，1868：14.

（10）吸驱球实验。其原理与验电器相同，用于实验物体是否带电的仪器。吸驱球是最简单的验电器，又称电摆。实验方法为：以物体接近通草球，靠近的时候可以吸引通草球，接触后，又能排斥它，则说明此物体带电。这一方法，在现代物理实验室中亦经常使用，其特点是方便快捷，缺点是不能检验物体所带的电荷种类。这一实验是验证电荷具有吸引轻小物体的特性，同时也可验证同种电荷相互排斥，但不能验证异种电荷相互吸引。现代物理实验室，已经将通草球改为用毛皮摩擦过的橡胶棒，或其他已知电荷性质的带电物体，这样就可验证异种电荷相互排斥的性质了。

（11）北方晓全具。北方晓全具是用于演示一种自然现象的实验仪器，"夜间北方忽有光亮，俗谓之天开眼"。这里所说的"天开眼"，就是所说的极光现象，极光（Northern light）现象出现于地球的高纬度地区上空，是一种因为空气电离而出现的发光现象，多发生在寒冷干燥的冬季。它是由来自地球磁层和太阳的高能带电粒子流（太阳风）使高层大气分子或原子激发（或电离）而产生。丁韪良对极光现象的解释是："电气聚于薄云之中，发见返照，遥望如北方有日将出也，西人谓之北方晓。"[①]用于演示这种极光现象的物理仪器即使在现代实验室中亦并不多见，《格物入门》也只是提供了北方晓全具的现象图片，并没有这种仪器的具体特征图片，在其他的近代物理书籍中也并没找到。

三、干电知识的基本应用

（1）电打鹊实验。电打鹊即电枪，是一种"玩物"，做出"打鸟之势，电瓶盖上加以两岔铜条，此岔之端，击以纸鸟，制一木人执枪，对彼岔之端，放电入瓶，其鸟因气催之力，俨若飞翔，电气放出，则见火星入枪，且闻轰然有声，而彼头之鸟自落矣"。[②]可见文会馆实验室中的这种电打鹊与现代瞄准的电枪玩具还是有区别的。这种游戏用的仪器只有在《格物入门》中有介绍，而在《初等物理学》中并没有相关内容，说明这是文会馆实验室较早就制作和使用的仪器，

---

① 丁韪良. 格物入门：电学卷［M］. 北京：京师同文馆，1868：19.
② 丁韪良. 格物入门：电学卷［M］. 北京：京师同文馆，1868：13.

虽然其原理非常简单，但这符合狄考文寓教于乐的原则，所以并没有被取消。

（2）电舞人、跳舞盘实验。这一实验是电吸引轻小物体的实验。用铁的一头通地，"置纸人数四，其上复悬铁盖，接于电架，机关转动，便见纸人上下跳舞不休"。而跳舞盘也可以做纸团跳舞的实验，"以玻璃罩接于电架，使内蓄电气，遂覆之于几，中置纸团若干，上下滚跃"。如果将纸团换成铁铖，便能"摇如钟摆，或使铁锤上下运动如击物然"，[①] 跳舞盘便会发出很大的响声。电舞人和跳舞盘实验的特点在于电学现象伴随着声音，更能吸引学生的兴趣，活跃课堂的学习气氛。

（3）电跃水杯、电酒杯和电盒实验。利用电的力学效应和热学效应而制作的演示仪器。电跃水杯（图7-6）是"以电气放入盆水，其水必跳跃四散"，将电瓶连接一下装置，则水受热膨胀迅速从旁边管中跃出。电酒杯（图7-7）利用电流产生热量，迅速将酒加热以致爆燃。而电盒（图7-8）则是利用电流热效应而制成的最初的电路保护装置：一个带盖子的小木箱，通有两根铜导线，导线上面覆盖着胶皮绝缘层，中间相隔一英寸左右，用细铂丝相连，铂丝上涂有极薄的绝缘漆，如果电流较小是电阻很小，产生的热量也很少；如果电路短路或者触电事故，则电流增大，铂丝受热熔断，从而起到保护电路的作用。[②]

图7-6　电跃水杯 [③]

图7-7　电酒杯 [③]

图7-8　电盒 [②]

①　丁韪良. 格物入门：电学卷［M］. 北京：京师同文馆，1868：14.

②　ATKINSON E. Elementary Treatise on Physics：14th. New York：Willian Wood，1893：825.

③　ATKINSON E. Elementary Treatise on Physics：5th. New York：Willian Wood，1872：620-622.

电盒是最早的电路保护系统，非常类似于现代的刀闸开关及保险丝，对于保护电路、减少触电事故等具有重要作用，但由于保险丝是熔断保护，操作较为麻烦，而且耗电量较大，逐渐被电磁继电器所取代。

（4）放电仪及其应用（图7-9）。"状如火剪，以铜为之，玻璃为柄"，放电仪的这种设计目的是防止人体触电。

使用时，"一端按于电瓶之铜柄上，又之彼头依于电瓶之外锡衣上"，电荷放出之时"爆然作响"。放电仪可以安全地放出电瓶的残存电荷，即使在电压比较高的情况下，也不至于使人触电，也确保了电瓶的长期使用。亨利放电架是一种最简便的放电器，是"橡皮管中穿金属丝，其两端各具一球"[1]，与现代的外带绝缘包皮的导线差不多。放电的时候，只需连接相应物体即可，使用非常方便。

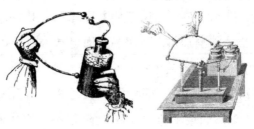

图7-9　放电仪的妙用[2]

（5）电台实验。文会馆实验室有电台，但是此电台并不是现代的发射电台，而是做电学实验用的工作台，是"四足木几也"，四角用玻璃与地面隔离开来，避免工作台的电荷流失。

若人站在接电台上，手持引电链，电荷会流入人体，其"发竖立，以指近其耳鼻等处，皆有火星进出，并闻爆声也"。[3]因为没有形成电流，人虽然带有静电荷，但不会触电。在很多电学表演中会使用这一方法，但还是具有一定危险性，必须保证两点：一则实验者与大地绝缘；二则实验者必须严格单手操作。从图7-10中的实验者可以看到，他脚下就是踩在接电台上，他头发直立且分散，是头发带上同种电荷，相互排斥造成的。

① 饭盛挺造. 物理学：下篇卷二电学［M］. 王季烈，译编. 上海：江南制造局，1900：82.
② ATKINSON E. Elementary Treatise on Physics：14th. New York：Willian Wood，1893：758.
③ 丁韪良. 格物入门：电学卷［M］. 北京：京师同文馆，1868.

图 7-10　电台及其应用 [1]

（6）电锡盘实验。电锡盘（图 7-11）又名锡盘机，是感应生电仪器中最简单也最实用的一种。电锡盘是用金属材质制成，以火漆做把手，"以厚纸煨热，揩之铺于几，置盘其上，以指近盘边，将见有火星入指，提起柄一起一落，又见火星随之也。" [1] 具体结构是"B 圆板以树脂涂其上面"，H 柄是树脂材料制成，A 为金属类导体制成。实验时，用丝绸等物摩擦树脂 H 柄，这样 H 就带有了负电荷，由于感应作用，B 板上面带有了正电荷，又因为圆盘中间有树脂相隔离，中间并不链接，下面感应出正电荷。 [2] 如果用手指接触电盆，则电荷通过人体流入大地，电盆就不再带电了。电锡盘实验是静电感应电荷的一个实验，与之后所说的电磁感应生电是有本质区别的。

图 7-11　电锡盘 [2]

① 丁韪良. 格物入门：电学卷 [M]. 北京：京师同文馆，1868.
② 陈榥. 物理易解 [M]. 东京：教科书译辑社，1902：262.

四、雷电知识与防护实验

（1）为了验证雷电发光的原理的，当时对雷电现象的解释是"因电气透过天气甚速，如敲石取火，故见光也"，文会馆有电星（图7-12）实验和电火蛇（图7-13）实验。

电星又名电火星，其结构是"以玻璃管，两头各入铜丝，中隔少许，电气由铜丝放入，将见有火星跳过甚明，且有起伏之势，若将天气吸出一半，铜丝相离稍远，则火星微淡，若将天气吸之殆尽，则见火光散而愈淡矣，足见天气阻碍而生光也"[1]。这一实验说明雷电产生过程中，将空气电离，产生巨大响声和火花。关于雷电的产生，现代有很多理论仍然存有很多不同的解释，《格物入门》的解释简单明了更易理解。电火蛇的结构，是"以玻璃细管，外加锡屑，曲而绕之，两头有铜焊，与阳极相接，复以玻璃管束之，电气放入，即见火光曲绕，如电掣金蛇也"[1]。电星和点火蛇的结构和原理都不复杂，但在晚清时期，当人们看到这些今天看来再简单不过的实验现象时，无法想象当时对他们的震撼。

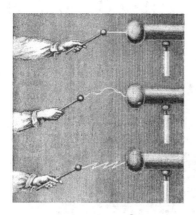

图 7-12 电星[2]

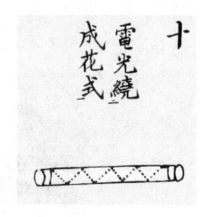

图 7-13 电火蛇

---

① 丁韪良. 格物入门：电学卷［M］. 北京：京师同文馆，1868：10-11.
② ATKINSON E. Elementary Treatise on Physics：5th. New York：Willian Wood，1872：599.

（2）范克林（富兰克林）避雷针，又名防雷针，是用来保护建筑物、高大树木等避免雷击的装置。美国物理学家本杰明·富兰克林（Benjamin Franklin，1706—1790）曾经做过著名的风筝实验证明了天电与地电是相通的。1752年，富兰克林做了著名的风筝引电实验，他将一个系着长长金属导线的风筝放飞进雷雨云中，并在金属线末端拴了一串银钥匙。当雷电发生时，当富兰克林接近钥匙时，钥匙上迸发出电火花。幸亏这次的闪电比较弱，富兰克林才没有受伤。这次的实验证明了天电和地电并无区别。富兰克林想到若能在高物上安置一种装置，就有可能把雷电引入地下，从而避免雷电对建筑物的损坏。富兰克林设计了这种避雷装置：上端尖的长金属条，立于建筑物顶端，下端连接金属板，并将连接处埋于地下，在避雷针的顶端常常镀上不宜生锈的金属，这样雷电中的大部分电荷就通过避雷针铜线和下边的金属板流入地下，从而起到防止雷电破坏的作用。[①]避雷针的发明是早期电学研究中的第一个有重大应用价值的技术成果。

（3）电劈物机实验。这一实验是用来演示雷电劈物的。王充的《论衡·卷六·雷虚篇》对雷电现象的解释是："盛夏之时，雷电迅疾，击折树木，坏败室屋，时犯杀人。夫雷之发动，一气一声也"。而《格物入门》认为雷电劈物是由于雷电"使物中之气骤涨故也"。实验仪器电劈物机是"以木为凹字形，入以木球，下留空出，以二铁条入于空处，上通于引电架，二条对出微留空隙，殆电气一过，便将木球催之跃出矣"。[②]虽然这个实验简单易懂，现象明显，实验仪器也比较容易制成，但要防止实验过程中出现木球伤人发生，因此不宜作为学生实验，只适宜作为教师演示实验。

五、电表和电铃实验

（1）电表。电表有无极电表、象限表、正弦电表和扭力表。

---

① 陈文哲. 普通应用物理教科书：第8版［M］. 武汉：湖北教育部，1908：293.
② 丁韪良. 格物入门：电学卷［M］. 北京：京师同文馆，1868：11.

图 7-14 无极电表 ①

图 7-15 正弦电表 ②

电表是用来测量电量多少的简单仪器，有数种之多。如无极电表（图 7-14）以"丝线两条，悬灯草团二枚，如探电之式，使依有电之物，电少，则二团微离，电多，则二团远扬矣"。正弦电表（图 7-15）"以铁柱插于引电架之上，旁悬铁铖，有活机可以转动，外加半圈如弓形，上画度数，针上插以灯草团，离开铁柱若干，"然后就可以按照表上的度数来计量电荷量了。在傅兰雅著的《电学》中有更为明确的说明：玻璃管平卧于架上而通地，用玻璃柄摇之使转动，管外绕金类薄条。如玻璃管之一端连丝线，再将树心球显器连于铜架，以电气容于金类薄条，则树心球必相离，引其丝线使金类皮条绕开，则树心球必相近，因电气力减小也，金类薄条若长，而容入之电气少，二球能几相切，再摇玻璃柄，使金类薄片绕于管，则二球仍相离。③

扭力表（图 7-16）又称库仑电扭秤，是法国工程师、物理学家库仑（Charles Augustin de Coulomb，1736—1806）发明的。"以大玻璃筒，上以银线横悬铁针于桶内，针尖有灯草团，以金箔包之，桶内周围画有度数，亦可试电也。"①用这一仪器测量电荷量精度很高，可以测量非常微弱的静电力，在这一精密仪器的帮助下，库仑发现了静电荷之间的作用力与距离成反比的关系。

① 丁韪良. 格物入门：电学卷［M］. 北京：京师同文馆，1868.
② ATKINSON E. Elementary Treatise on Physics：5th. New York：Willian Wood，1872：573.
③ 傅兰雅，徐建寅. 电学［M］. 上海：江南制造局，1879：120.

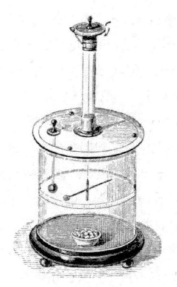

图7-16　扭力表[1]

库仑电扭秤的构造包括：直径和高均为12英寸的玻璃圆缸，上盖一块玻璃板，盖板上有两个洞。中间一个洞装有一根高为24英寸的玻璃管，上端装有一银质悬丝，悬丝下挂一横杆，秤的一端为木质小球（现代实验室中的库仑扭秤采用金属小球），另一端贴一小纸片作配平用。玻璃圆缸上刻有360个刻度，悬丝自由放松时，横杆上的小木球指零。实验时先使一个小球带电，再使两小球接触后分开，以致让两小球均带同种等量的电荷，互相排斥。现代物理教学实验中很少做这个实验，不仅实验操作难度大，实验仪器容易损坏，而且稍有不慎，就会造成很大的实验误差。文会馆实验室具有这样精密的实验仪器，实属难得。

（2）电鸿钟实验。电鸿钟就是"以电计时，其式不一，理则相同，或以电气之吸驱，运行摆条，或以磁铁之横梁，一吸一放运行机关，甚有以数十数百钟，电线相连，使之齐鸣者。"这个电钟并不是我们现代常用的电铃，而是利用了静电荷吸引轻小物体的特性制造的，由于过于简单，且并不实用，慢慢被淘汰了。

（3）电摇铃实验。最初的电铃与现代的电铃还是有很大区别的，"十字形之铁条，横于玻璃柱上，四端以铁链悬铃，复以丝线各悬铁丸，与铃相近，铁条接于电架，便见铁丸被电吸来驱去，与铃相击"，从而发出响声。另一种电铃形

---

① ATKINSON E. Elementary Treatise on Physics：5th. New York：Willian Wood，1872：570.

式是"以横铁，下悬铃丸数枚如前式，惟居中一铃悬以丝线，下有铁链垂地"。[①]
这两种电铃的原理是一样的，都是利用了电荷之间同性相斥、异性相吸的原理。

（4）电磁铃和磁电铃（见副电实验室）。它们都是利用电流的磁效应制造的电铃。这样的电铃无论是形状、原理与电摇铃和电鸿钟相比都发生了很大变化，已经与现代实验室用电铃无异，是利用电磁铁的特性，通过电源开关的反复闭合装置，来控制缠绕在主磁芯线圈中的电流通断，从而形成主磁路对弹性悬浮磁芯的磁路吸合与分离交替变化，使连接在弹性悬浮磁芯上的电锤在铃体表面产生振动并发出铃声的仪器。电铃的工作原理是在通电时，电磁铁有电流通过，产生了磁性，把小锤下方的弹性片吸过来，使小锤打击电铃发出声音，同时电路断开，电磁铁失去了磁性，小锤又被弹回，电路闭合，不断重复，电铃便发出连续打击声了。文会馆副电实验室有电磁铃和磁电铃，磁电铃是哪种类型的电铃，其原理与结构如何？需要进一步考察。

六、电容相关实验

干电部分实验仪器仅电瓶就有普通电瓶、量电瓶、雷盾电瓶、活雷盾瓶、花雷盾瓶等数种，电瓶从本质上来说就是一种电容器。在玻璃瓶的内外都以锡包裹起来，瓶口及周围都用火漆覆盖起来，这样一个最简单的蓄电瓶（图7-17）制成了，电瓶中最著名的、应用最广的要数莱顿瓶（雷盾瓶）（图7-18）了。

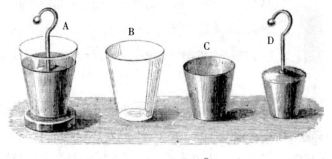

图 7-17　蓄电瓶[②]

① 丁韪良. 格物入门：电学卷 [M]. 北京：京师同文馆，1868：14.

② ATKINSON E. Elementary Treatise on Physics：14th. New York：Willian Wood，1893：759.

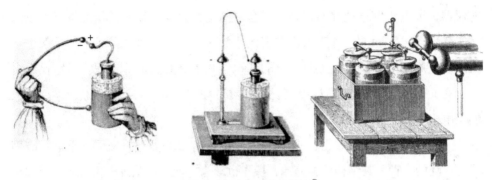

图 7-18　莱顿瓶及莱顿瓶组 [1]

　　莱顿瓶是荷兰莱顿大学物理学教授马森布罗克（Pieter Van Musschenbroek，1692—1761）与德国卡明大教堂副主教冯·克莱斯特（Von Kleist，1700—1748）分别于 1745 年和 1746 年独立研制出的，他们用莱顿大学的名字命名了这项发明。莱顿瓶实为电容，是用来聚集电荷的仪器，一个玻璃瓶，瓶里瓶外分别贴有锡箔，瓶里的锡箔通过金属链跟金属棒连接，棒的上端是一个金属球，这就构成以瓶子玻璃为电介质的电容器。玻璃瓶的内外糊锡箔约至瓶高三分之二，里面的这层锡箔取名内卫器，外面的为外卫器，其他的地方都喷漆。莱顿瓶的使用需要注意的一些事项：一是给莱顿瓶充电时，要将其平放在桌子上，然后用金属导线与电机相连，上部球体与内卫器电性相同，外卫器与内卫器电性相反；二是放电的方法，内外卫器电性相反，放电时，只需将内外卫器用放电架相连，就可将电放出；三是残存电量及释放的方法，在莱顿瓶放电后，再以放电器靠近，能出现第二次电击现象，反复这样三到四次，即可把多余的电量除去。

　　如果把多个蓄电瓶连接起来就构成蓄电瓶组。文会馆实验室将莱顿瓶写成雷盾瓶，除了音译的原因，可能还考虑到雷和电的关系。

七、干电机实验

　　文会馆对干电机也非常重视，所谓干电机就是利用物体之间的摩擦来发电

---

[1]　ATKINSON E. Elementary Treatise on Physics：14th. New York：Willian Wood，1893：759.

的仪器，干电机发电量并不很多，但在以前电力设施不完善的情况下，可以满足实验室静电实验的一些需求。在现代实验室中已经被淘汰掉了，但了解干电机的发电原理对于学生加强对静电的认识还是很有必要的。物理实验室仅干电机就有文暑德干电机（图7-19）、否司电机（图7-20）、葛利电机（图7-21）、侯氏电机（图7-22）等。

（1）文暑德（Wimshurst）干电机。干电机有多种类型，文署德干电机应用非常广泛的一种，其结构比较简单，操作也较为方便。这款发电机不但发电效率比较高，而且防潮防水效果好，在学校实验室里得到广泛应用。其结构为：以两枚玻璃圆板同套于一水平心轴上，令其互相平行，可以反方向旋转，外面各贴细长锡箔数十枚，其距离相等，在中心轴上架两个带有金属毛刷的金属棒，金属毛刷要轻压于玻璃板上，玻璃板摩擦旋转生电，并通过锡箔，将电量逐渐增加。[①]

（2）否司（Bertsch）电机。否司电机是一种比较简单，但同时发电量少、效率较低的一款电机。否司电机的结构比较简单，它包括一个直径大约18英寸两个硬橡胶盘安装在一个玻璃轴上，还有一个玻璃圆盘E。[②]是较早期的干电机种类。

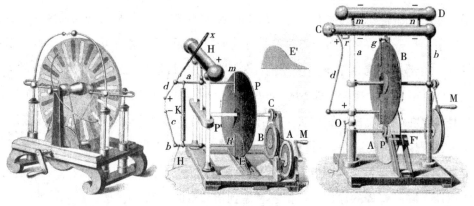

图7-19 文署德干电机　　　图7-20 否司电机　　　图7-21 葛利电机[③]

（3）葛利（Carre）电机。葛利电机也是早期的一种电机形式，有两个玻璃圆盘，还带有一个小型轮子，以提高玻璃圆盘的旋转速度，但总起来，葛利电

①　王季点，陈学郢. 新式物理学教科书［M］. 上海：商务印书馆，1915：193-194.
②　ATKINSON E. Elementary Treatise on Physics：14th. New York：Willian Wood，1893：740.
③　ATKINSON E. Elementary Treatise on Physics：14th. New York：Willian Wood，1893：747.

机的机械效率还是很低，而且它的运作还受到空气湿度等方面的影响，逐渐被后来的侯氏电机所取代。

（4）侯氏（Holtz）电机。该种电机是赫兹 1865 年所制，其基本结构是：有相对并立的两块圆形薄玻璃片，其中一片相对较大，其中较大的玻璃板连于厚橡皮板上，前面一片可由曲拐及丝索而沿横轴，横轴又定连之圆玻璃板上，旁边有两个相对的缺口，在缺口后面分别贴上两个纸片，与纸片相对的各有一个金属引电架，角度与圆玻璃板相切，是用来聚集电荷的部分，下面用松香焊接或者玻璃圆焊支之，旁边还有分支，在一端有金属球，两个金属球有木柄两个，能使两球远近移动。①

图 7-22　侯氏电机②

侯氏电机更像一般干电机的改进版，狄考文还专门在《格致汇编》杂志上撰文详细介绍了侯氏电机的原理和使用方法。他认为"以前的干电机是一大玻璃轮，架起、擦净、烘热转轮生电"，但是如果"天气潮湿，其生电之力几乎息矣"，所以很多演示实验，要根据天气情况而定，"格物之理日精，电机之作渐巧，即侯氏最著名之电机，亦非旧式所可比也。"②为此狄考文推荐介绍了不受天气影响的侯氏电机。

（5）引电架（图 7-23）。用铁桶横架在玻璃柱上，在一头有类似钉耙的铁齿，"依近于电机之玻璃筒，使之引电达于架上。"③ 使用玻璃柱是因为玻璃是良

① 饭盛挺造. 物理学（下篇卷二电学）[M]. 王季烈，译编. 上海：江南制造局，1900：28.
② 狄考文. 侯氏电机 [J]. 格致汇编，1881，4（9）：14-15.
③ 丁韪良. 格物入门：电学卷 [M]. 北京：京师同文馆，1868.

好的绝缘体，可以防止电荷流失。如果用手指接近引电架的尖齿部分，就会有火星冒出，并伴有啪啪的声音，这是一个尖端放电的现象。文会馆实验室并没有提到引电架，但是在各个电机中都有引电架的应用。

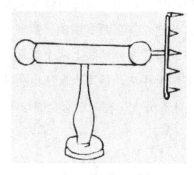

图 7-23　引电架 [1]

八、小结

人类最早意识到电的存在是从"干电"开始的，干电部分的实验仪器是文会馆实验室仪器中最多的。这部分电学知识由于人们长期研究，积累下大量的研究经验和方法，也就有了多种的实验仪器，所以有时候，一个小的实验就有多个实验仪器。如干电机，可以说是多种多样，而且价格不菲，在当时交通不便的情况下，文会馆实验室能搜集到这么多仪器实属不易。有些实验仪器较为粗糙，如电毛，电跌船、电火蛇等，随着电气实验仪器的更新换代，逐渐被淘汰，因此现在很难展示它们的全貌。

第二节　湿电实验

实验室中的所谓湿电是指"二金交感，成为湿电，若以二金浸于强水，交感成气更速，由湿而生，故名湿电" [1]。可见湿电是指电解质溶液相关的现象和

---

① 丁韪良．格物入门：电学卷［M］．北京：京师同文馆，1868．

实验，湿电的用途一是电镀和电解，二是医病，三是电报技术。湿电的研究起于意大利人伽伐尼（Luigi Galvani，1737—1798），1786年伽伐尼在做解剖青蛙实验时，发现用金属接触蛙腿上外露的神经时，发现蛙腿发生剧烈痉挛"陡然跳跃如生"[①]。经过反复实验，他认为痉挛起因于动物体上本身就存在的电，并命名为动物电。

湿电部分包括39种仪器：磁电、荣灯、铂灯、颠倒管、德律风、极里雷、但氏电池、罗环、电轮、里雷、埋革风、火药电气芯子、电报响、力电机、银电链、磁电震人机、电钥、电缆、电表、立电表、家电报、热电表、空铃电盖、傅德电堆、电称、阻箱、电池、原电表、分水杯、热电堆、无极电表、马斯收信机、电扇、电线、电炮、安培表、佛耳表、干电池、正切电表、佛耳达电堆。

一、电堆的制作与实验

电堆与电池都是通过化学反应而生电的设备，电堆通常只是指"湿电"而产生电的装置，电池的内涵更为广泛一些，包括干电池等。

（1）电堆。电堆的制作技术其实非常简单，用手掌大小的红铜和白铅各数块，两块金属一一对应，以溶液浸泡后，用厚纸隔开，"层叠堆起"，然后用两根铜线分别连于铜、铅之上，就构成了电堆。

（2）热电堆。热电堆就是利用热电效应来发电的仪器。最简单的热电效应就是当一根金属棒的两端温度不同时，金属棒两端会形成电势差。具体实验做法是：结合两种金属而为轮道，或热其一结合点或冷其一结合点，令其与其他结合点生温度之差，即见电气随其轮道流通，名为热电流。热电流之强弱视乎层叠对数之多少，假如屈铜与铁互相结合错叠数层，则热其结合之一部，恰如数个电池纵列，而电动力与其结合之对数为正比例而电流增强。[②]相对来说热电堆的效率较低，但它却是开启了一种利用物体之间的温度差来发电的新的方

---

① 丁韪良. 格物入门：电学卷［M］. 北京：京师同文馆，1868：23.
② 陈文哲. 普通应用物理教科书［M］. 北京：京师同文馆，1906：328-329.

法，对于研究电堆的发电原理是很有帮助的。而现代物理实验室对热电堆并不重视，这样会影响学生对电堆的整体认识。

二、电池及其应用实验

最初的电池是这样规定的："以木桶盛强水，内置红铜白铅各一条，上以铜线连之，则电生而运行其上矣，如以玻璃器盛强水尤妙。"[①]显然当时对电池和电堆没有明确的界限，电堆的发明人是意大利物理学家伏特（Anastasio Volta，1745—1827），伽伐尼的实验给了伏特很大的灵感。伏特在重做了伽伐尼的实验时发现，只要有互相接触的两种不同金属，中间用皮革、湿纸以及其他海绵状的东西隔离开来，不管有没有蛙腿，都有电流产生，这样就否定了伽伐尼动物电的观点。1800 年，伏特用铜片和锌片放在盛有稀酸或盐水的杯子中，将多个这样的小杯子联合起来，发明了伏打电池，伏特还把铜片与锌片夹以盐水浸湿的纸片叠加成电堆，组成著名的伏打电堆。

（1）但氏电池（图 7-24）。伏打电池也有它自身很大的缺陷，那就是它的金属电极特别容易生锈。1836 年，英国人丹尼尔（John Frederic Daniell，1790—1845）用二金，复用二水，以硫酸铜溶液盛于玻璃筒内，然后"以红铜片卷若筒式入之，复以硝强水盛于瓦通内，以白铅条竖其中，入于铜筒之内，用瓦器者取其质松易湿而通电，二水不至淆乱，斯铅为水化，不得附于铜矣。如数池相连，则以此铜接于彼铅，其余仿此"[②]。将锌置于硫酸锌溶液中，用一个装硫酸铜溶液的铜制容器，再用一个允许离子穿过的多孔装硫酸溶液的玻璃罐，这个玻璃罐浸入铜制容器之后起到了过滤的作用，使电流产生之前铜离子不会漂流到锌极而减弱电流这样一个改进版的但氏电池（Daniell Cell）就诞生了。但氏电池能有效的减弱电极的锈蚀速度，从而提高了电池的使用寿命。

---

① 丁韪良. 格物入门：电学卷 ［M］. 北京：京师同文馆, 1868：23.
② 丁韪良. 格物入门：电学卷 ［M］. 北京：京师同文馆, 1868：24.

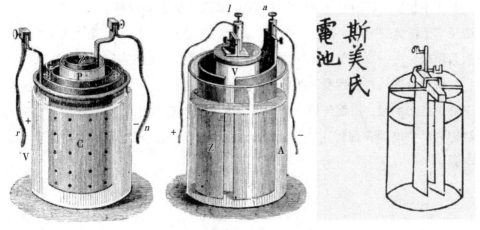

图 7-24　但氏电池 [①]　　　图 7-25　葛氏电池 [①]　　　图 7-26　斯美氏电池 [①]

（2）葛氏（Grove）电池（图 7-25）。也是用两种金属和两种溶液，一个是硫酸铜溶液，另一个是硝强水盛于瓦器，不用红铜，"以白金小片垂于水内，其白铅片圈做筒形，对口之处，离而不合，复以水银敷外，使不宜化也，偿白金珍罕，以木炭一段代之，亦能合用，若数池相连"，[②]可组成电池组。

（3）斯美氏（Smee）电池（图 7-26）。其结构与以上电池无异，以"白金白铅"为原料，"惟用一水，是清水十分，和磺强水一分，以包金最佳"，[②]这样就避免了金属生锈对电池的影响。总之，相对于但氏电池的改进版种类非常多。

（4）蓄电池（图 7-27）。蓄电池又称副电池，它具有电压平稳、安全可靠、价格低廉和回收再生利用率高等优点，因而在世界上得到广泛使用，最早被应用到汽车上的电池。蓄电池是一种化学电源，可以将化学能直接转化成电能，是可再充电多次使用的电池。蓄电池通常是铅酸蓄电池，其工作原理：充电时电能转化为化学能，需要放电时则把化学能再转换为电能输出。这主要是因为电流在通过电解物的时候，常常起到分极作用，而电池内也有分极作用，与电

　　① ATKINSON E. Elementary Treatise on Physics：14th. New York：Willian Wood and Company. 1893：798–799.

　　② 丁韪良. 格物入门：电学卷［M］. 北京：京师同文馆，1868：24–25.

池之作用相反，对动电是有阻碍作用的，而蓄电池正是利用了这一原理，其构造是"于稀硫酸中对立铅板，与涂二氧化铅之铅板各一块，其涂二氧化铅之铅板为阳极。……如图于铅板两块之上，穿多数之孔，成格子形，而格子之间，将一氧化铅嵌入，然后浸入稀硫酸中，而通以电流则其一板为木板所穿小孔，中盛少量之水银，用铜丝相连，则可令电槽或入轮道中或出轮道外"[①]。蓄电池作为移动电源在现代生产生活中都有广泛的应用，在实验室也可用于临时电源。

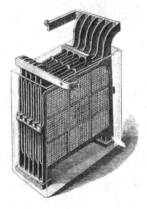

图 7-27　蓄电池[②]

（5）干电池。法国发明家雷克兰士（George Leclanche，1839—1882）于1860 年发明了碳锌电池，这种电池不但容易制造，而且将最初潮湿水性的电解液逐渐用黏浊状类似糨糊的干性电解质所取代，装在容器内时，这样"干"性电池就研制成功了，但这种电池体积过大，不易携带。1887 年，英国人赫勒森（Wilhelm Hellesen，1836—1892）发明了最早的真正意义上的干电池。相对于液体电池而言，干电池的电解液为糨糊状，因此不会溢漏，便于携带，广泛应用于社会生活之中。干电池实际上仍然是伏打电池，炭条为正极，炭条的周围，包裹着浓厚之糨糊状的混合物，其中含有"二氧化锰十份，炭粉十份，氯化铵

①　中村清二. 近世物理学教科书：第九卷 电气下［M］. 学部编译图书局，译. 东京：富山房，1906：27.

②　ATKINSON E. Elementary Treatise on Physics：14th. New York：Willian Wood and Company. 1893：855.

二份，氯化锌一份，置于锌筒，锌筒成负极"。[①]干电池电压一般为1.5伏，如果有特殊需要的干电池也有较高电压的，如用在老式电话机上的干电池电压可达3.6伏或更高。使用干电池的注意事项是：干电池一定注意存于干燥处，且使用时避免电流过大而影响使用寿命，特别注意避免短路连接。文会馆实验室中的干电池并没有说明干电池的型号和种类，应该是有普通的1.5伏电压的和应用于电话电报技术的3.6伏等多种干电池。

（6）电炮、火药电气芯子。据傅兰雅和徐建寅译《电学》介绍，"以象牙作田鸡小炮，如图7-28所示，内盛火药，再用磁盘盛水，以通电气之链，两端入水内，相距约十寸至十二寸，放电之时，炮内之火药能烧，因水难传而阻电气之速，故火药能烧也，试光之法，将鸡卵五六成列，而俱相切，稍以电气传过，暂能有光，光色各异，白石粉，橘皮色，水晶先色。"[②]这就是早期的电爆炸药，如果担心电量不够，无法点燃炸药，可以增加莱顿瓶数量。电爆炸药避免了传统炸药需要点燃的危险，而且起爆迅速剧烈，一经发明，即被迅速应用到军事等领域。

图 7-28 电炮 [③]

（7）电火字实验。电火字是根据电与电解质反应而改变物质的颜色的现象制成的仪器，具体做法："以木板铜板各一，皆与电线相连，木板包以锡箔，敷漆数段，于铜板上铺药水浸透之纸。复以铜丝一头按于锡箔，一头按于药纸，电气运行，药纸感之而变黑色，两头并行，便画黑直，遇过漆电绝，则仍为白

① 倪尚达，王佐清. 电学入门 [M]. 南京中山书局，1932：14.
② 劳埃德. 电学 [M]. 傅兰雅，徐建寅，译. 上海：格致书院，1879：184.
③ 劳埃德. 电学 [M]. 傅兰雅，徐建寅，译. 上海：格致书院，1879：185.

纸。又因此设法，以漆写字，达致远方，彼处药纸现出白字。"[1]这一实验是利用了电的化学效应，也比较适合做演示实验。

（8）分水杯实验。分水杯是一件电解水的实验器材，"以玻璃盆盛清水，入磺水少许，复以白金丝两条，由盆底通入。再以玻璃筒二个，注满前项之水，罩于金丝之上，下通电路，便见筒内气泡上升，久之渐渐化为气。移开试以火，其能然者为养气，其不然者为淡气，量其多寡，养气倍于淡气也。化学所论水是养淡二气合成，此以湿电可验矣。"[2]此处是有明显错误的，能燃烧的显然不是氧气而是氢气，不能燃烧的也不是什么淡气，而是氧气。而且氢气的量是氧气的两倍。

（9）磁电震人机实验。磁电震人机是用来研究电流对人体的影响的一种装置，它的基本结构为：须制一筒，其粗铜丝长三四迈当（迈当为长度单位米的旧译），细铜丝则长五六百迈当，皆裹以棉，染有胶漆，以阻泄电。筒左有二铜柱，钉于板上，与篷生瓶相通，其远筒一柱，接于铜片，铜片接于盘，齿盘接于粗铜丝之一端，又一端则接于筒左稍近之一柱，筒别有二铜柱，系以细铜丝之两端，又自二柱别接二铜丝，其末各铜锤，以便携执，图上在人手者是也。[3]磁电震人机从本质上讲是利用磁铁改变闭合线圈内的磁通量产生电流，进而电击人体，由于这种做法有一定的危险性，现代物理实验室已经淘汰了这一装置。

图 7-29　磁电震人机[3]

① 丁韪良. 格物入门：电学卷［M］. 北京：京师同文馆，1868：28.
② 丁韪良. 格物入门：电学卷［M］. 北京：京师同文馆，1868：27.
③ 李杕. 形性学要［M］. 上海：徐家汇汇报印书馆，1899：440.

（10）电缆、银电链等仪器设备。电缆通常是由几根或几组导线绞合而成的类似绳索的导电设备，每组导线之间相互绝缘，并常围绕着一根中心导线扭成，整个电缆外面包裹有高度绝缘的覆盖层。电缆技术有效的减小了交流电涡流损耗电能的影响，使远距离高压输电成为可能。而传入的这些技术，与国外的电缆技术几乎是同一水平的。

三、电磁的转化及应用

电与磁的相互转化构成了电磁学的重要内容。变化的电流产生变化的磁场，变化的磁场又产生变化的电流，这也是发电机和电动机运行的基本原理。如果是开放电路，这种电流与磁场之间的相互转化形成的电磁场将无限延伸下去，从而形成电磁波。

（1）磁电实验。磁电是指电磁铁（图7-30）。实验方法："以铁条曲之若提梁之式，复以丝线缠绕之铜丝，绕于铁条之上，铜丝两头，接于电池之两极，电路既成，电气运行铁条之上，再以铁条数寸横置其下，便能吸住，此电气俨如磁石也。若铜丝一头离开电池，则铁条落下矣，电气若多，则重物亦能吸起，或以干纸包裹铜丝亦可用之。"[1] 实验中有以干纸包裹铜丝，说明这时的电导线还没有外部的绝缘包皮。这里简单介绍了电磁铁的原理，其实电磁铁的发现历史并不长。1820年，丹麦的奥斯特在一次实验中就发现了电磁铁原理。1831年，美国电学家约瑟夫·亨利（Joseph Henry，

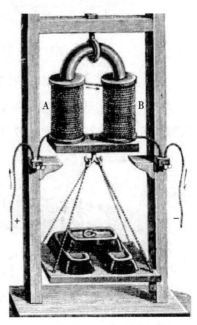

图 7-30　电磁铁[2]

---

①　丁韪良. 格物入门：电学卷［M］. 北京：京师同文馆，1868：30–31.

②　ATKINSON E. Elementary Treatise on Physics：5th. New York：Willian Wood and Company，1872：694.

1797—1878）曾试制成功一种电磁铁，能吸起 1 吨重的铁块。电磁铁的优点很多：一是用通、断电流可以控制电磁铁的磁性，二是可以用电流的强弱或线圈的匝数多少来控制电磁铁磁性的大小，三是可以用改变电流的方向来控制它的南北磁极。因此电磁铁很快就被广泛应用到社会生产生活中来。

（2）罗环实验（图 7-31）。即螺线管实验，"以铜丝绕作空圈，即名螺线圈，以两头接于两极，电路成而电气运行铜丝之上，以铁针入圈内，少顷取出，便能吸铁，且能定方向，若指南针也。"[①] 通电螺线管的极性跟电流方向间的关系，可以用右手螺旋定则来判断：用右手握住螺线管，让四根手指弯曲且跟螺线管中电流的方向一致，则大拇指所指的那端就是螺线管的 N 极。

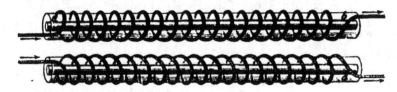

图 7-31　罗环（螺线管）的两种不同的绕法[②]

（3）颠倒管实验（图 7-32）。颠倒管即是螺线管的两个相对的接法，改变电流的方向即可改变螺线管磁极的方向，既是对安培定则的验证，又是安培定则的应用。颠倒管实验实为罗环实验的延续与应用。

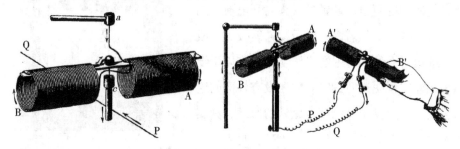

图 7-32　颠倒管及颠倒管实验[③]

---

①　丁韪良. 格物入门：电学卷［M］. 北京：京师同文馆，1868：31.

②　ATKINSON E. Elementary Treatise on Physics：5th. New York：Willian Wood and Company，1872：693-694.

③　ATKINSON E. Elementary Treatise on Physics：5th. New York：Willian Wood and Company，1872：690-691.

（4）电称实验如图 7-33。横置铁梁，固定铜丝，"两头接于两极，惟铁梁之两足向上，复有横梁，上联称钩，其称有架，可以俯仰，彼头挂以称锤，其横梁被电吸住，以锤权之，可知电力多寡，能吸重若干也。"[1]显然电称是利用杠杆原理来粗略的测量电流强度的仪器，如果电流强度大，则产生较大的感应磁场，从而磁场强度就大，就能吸引起更重的权重。谢洪赉则把这种电称原理和使用介绍的更为详细："于木板上装电磁铁一，其衔铁连于杠杆之短臂，悬砝码于杆之长臂，先求衔铁点当置重若干，乃可与长臂相抵，以后须每次将次数加入测得之数内。发一安培电流过电磁铁，先求置重若干，乃掣去其衔铁，次发二安培电流过之，又测其重，仿此迭为之，至十安培而止，将所得诸数，绘为曲线，自天轴取安培数，自地轴取掣衔铁之重数。"此实验仪器的注意事项是"电磁铁上之铜丝，宜略粗，以免热之过度"。[2]这种仪器还是在测量时显得过于粗略，首先导线的电阻会受到锈蚀等原因发生变化，其次电流产生的磁场强度也易受到其他一些因素干扰而产生误差，再次就是还要利用称钩上的权重来计算电磁力的大小。

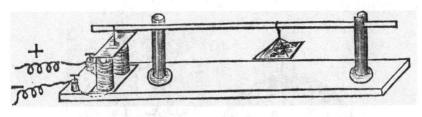

图 7-33　电称[2]

（5）电转（图 7-34）。与干电器中的电转并不一样，这里的电转是由于磁电感应造成的旋转。通电导线产生磁场，在与磁铁接近时，发生偏转，改变电流的方向，通电导线和螺线管的磁场也发生相应的变化，这也是电动机运行的工作原理。

① 丁韪良. 格物入门：电学卷［M］. 北京：京师同文馆，1868：31.
② 何德赉. 最新中学教科书：物理学［M］. 谢洪赉，译. 上海：商务印书馆，1904：339.

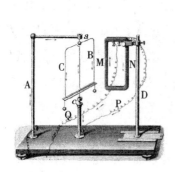
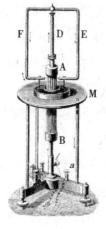
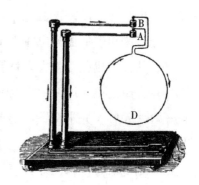

图 7-34 电转[①]

（6）电表的应用。文会馆实验室有电表，即电子钟表。电表（图 7-35）的基本部分由电子元件构成，电表的工作原理是根据电磁的相互转化原理设计而成，即由电能转换为磁能，再由磁能转换为机械能，带动时针、分针运转，从而达到计时目的。电表计时比起机械表更为准确，也更加方便实用，这在当时是非常先进的仪器。

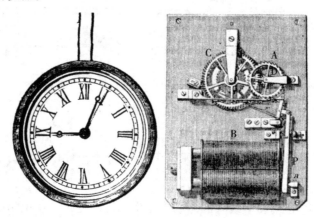

图 7-35 早期的电子表及其结构[②]

① ATKINSON E. Elementary Treatise on Physics：5th. New York：Willian Wood and Company，1872：678–689.

② ATKINSON E. Elementary Treatise on Physics：5th. New York：Willian Wood and Company，1872：710.

四、电表及电阻相关实验

电表是一个电路中必不可少的实验仪器，主要是用来测量用电器消耗的电能、电流的大小、电压的大小等。其配套的仪器是电阻器，包括滑动变阻器和变阻箱以及定值电阻等。电表的种类很多，主要有立电表、热电表、原电表、无极电表、安培表、佛耳表、正切电表。

（1）原电表（图7-36）。早期较为笨重的电能表，也称电表。1881年，最早的电能表研制成功，是根据电解原理制成的。原电表每只重达几十千克，十分笨重，还很不准确，但它却是首次可以测量用户使用电能大小的仪器，当时被作为科技界的一项重大发明受到人们的广泛重视，并很快地在工程上得到应用。随着科学技术的发展，1888年，交流电的发现和广泛应用，使得电能表的发展有了新的发展空间，感应式电能表应运而生，它具有结构简单、操作安全、维修方便和便于大量生产等有点，逐渐成为电能表的主流，随着科技的发展，现代实验室也有了电子电能表，精度得到了进一步提高。

图7-36　原电表[1]

---

① ATKINSON E. Elementary Treatise on Physics：14th．New York：Willian Wood and Company，1893：892．

（2）无极电表（图7-37）。测定较小电流需要非常精密的仪器，常用的是无极电表，又称无定电表，其制作方法："取相似二磁针，插直杆内其尖所指之方向相反，其铜丝圈分二支，一支在二针之间，一支在二针之下，当二针磁力相等，则微力即足令针锋偏离南北方向，铜丝圈之两支同感二磁针，求二支分感磁针及合感之效"。[1]即可求得电流的大小。现代物理学中常采用毫安表和微安表来测量较小的电流，还有很多采用电子仪表测量，传统的测量方式逐渐被取代。

（3）正切电表（图7-38）。也是一款测量电流的电表，"磁针之外，环绕一环，其周为针长之十倍或十二倍，绕以引电之铜丝，即成正切电表，表内之电流，非与针所偏离之角度有比例，乃与其角之正切有正比例。"[1]

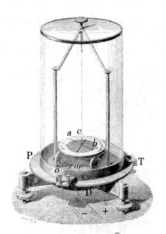

图7-37 无极电表[2]

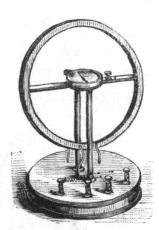

图7-38 简易的正切电表[1]

（4）正弦电表。原理与正切电表略同，惟过电之铜圈可以绕中轴而转。[3]

（5）测电压的佛耳表（图7-39）和测电流的安培表。伏特表和安培表的原

---

① 何德赉. 最新中学教科书：物理学［M］. 谢洪赉，译. 上海：商务印书馆，1904：342-343.

② ATKINSON E. Elementary Treatise on Physics：14th. New York：Willian Wood and Company. 1893：811.

③ 何德赉. 最新中学教科书：物理学［M］. 吴光建，译. 上海：商务印书馆，1904：343.

理是一致的，而且"精细灵活，便于携带。其起点在分度尺之一端，故发电流过之，只可循一方向，针下置一小监，令针影合一，以免视差"[1]。

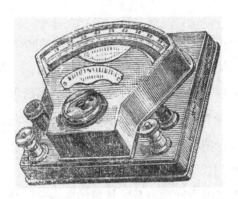

图 7-39　佛耳表[2]

（6）电阻箱。又名阻力箱，是测量电阻的有效设备，"测阻力时，宜先得一阻力之准，则以便比较，常用者为阻力铜线圈若干，装之匣内，圈之阻力，非为极小，则多用有大阻力之铜丝。"[3]电阻箱是一种可以调节电阻大小并且能够显示出电阻固定阻值的变阻器，在现代电学实验室中应用非常广泛。相比滑动变阻器，电阻箱不可以连续改变接入电路中的电阻，但滑动变阻器不能表示出连入电路的电阻值。电阻箱虽然能表示出连入电路中的阻值大小，但阻值变化是不连续的，因此实验室内滑动变阻器和变阻箱（图 7-40）都是必需的实验仪器。

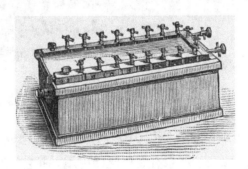

图 7-40　变阻箱[3]

① 何德赉. 最新中学教科书：物理学［M］. 谢洪赉，译. 上海：商务印书馆，1904：345.
② 何德赉. 最新中学教科书：物理学［M］. 谢洪赉，译. 上海：商务印书馆，1904：343.
③ 何德赉. 最新中学教科书：物理学［M］. 吴光建，译. 上海：商务印书馆，1907：346.

五、电报技术类实验

电报技术主要利用了电磁波原理，主要应用于电报和无线电技术领域。实验室中电报技术实验仪器主要包括有家电报、电报响、马斯收信机、电钥。

（1）电报机包括两个部分即发报机和收信机。马斯电报机（图7-41）分为马斯人工电报机和马斯自动电报机（简称马斯快机）。马斯电报机现在通常称为摩尔斯电报机，发报主要利用电键按动时间来发送电报信号，按键的时间短就代表点，按键的时间长（一般为点的三倍长）就代表"划"，手抬起来不按电键就代表间隔。收报则通过听声音的长短的办法来区分"点""划"，起初利用人工进行抄收，后来更多的用纸条记录器记录不同长短的符号，后者比人工抄收更为可靠，还可留作书面依据。

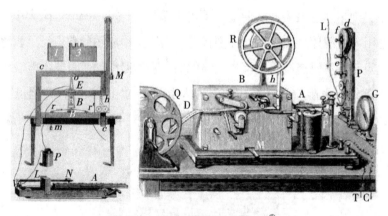

图 7-41　改进前后的马斯电报机 [1]

马斯人工电报机工作性能稳定，结构简单，使用方便，因此沿用至今。马斯电报机在军事或勘探通信联系有着广泛的应用，但它的通报速率是很低的，而且准确率有时也不高。

（2）电报响（图7-42）又称接信机，"所绕之铜丝比副磁铁为粗，匝数亦

---

[1]　ATKINSON E. Elementary Treatise on Physics（14th）. New York：Willian Wood，1893：896.

较少，因本处电池，只须胜响器之阻力，故电流匝数虽少，已足令电磁铁吸引衔铁"。[1]

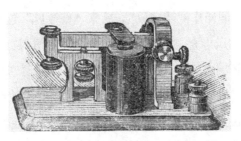

图 7-42 电报响[1]

（3）电钥（图 7-43）相当于发报机总开关，也是发报机和收信机的转换器，"总环内断路之器也，多用螺钉二枚，装之桌上，与总电路连，其一枚与电钥之底绝电，上端以铱为尖，则电流通过。电钥不用以发信时，推入呷杆，令电路通连，可以收信。"[1]

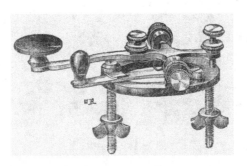

图 7-43 电钥[1]

六、电话及其应用：德律风和埋革风

（1）德律风是指电话机（图 7-44）。早期的电话机是由美国发明家贝尔（Alexander Graham Bell，1847—1922）于 1876 年发明的，电话也先后经过多次改良，"吾人于通话之初，必须按一手于摇柄，使发电子转动极快，发生电压，籍电话线通电于远处电铃，使远处之人，闻铃鸣而接话，此种式样称曰久磁式

---

① 何德赉. 最新中学教科书：物理学［M］. 谢洪赉，译. 上海：商务印书馆，1904：378-379.

电话。"随后出现了"共电式电话"。[1]

"电话"是日本人创造的汉语词，用来意译英文的 Telephone（Phone），当初中国人将这个英文词译作"德律风"。后来"德律风"这种叫法慢慢消失，改用电话称呼了。德律风即是"传语远处之机也，接语具亦即发语具也"。其中有"磁铁条，于其北端之二旁，装细铜丝，其前设圆薄铁片，四边鞔住，自细铜丝圈，有铜丝连彼端二立柱，当电流经过铜丝圈时，使磁条端所发之力线有变，而磁条吸圆片之力，或增或损。如线之彼端，有人向此同式之器发言，其声使空气有松紧，即令圆片颤动，而其距磁条端之距有变，故感铜丝圈发电流，通至接声之处，过其铜丝圈，使圆片有相似之颤动，而令空气或松或紧，故发原来之声音"。[2]德律风是将听筒与话筒集于一身，而埋革风则是将声信号放大的装置。

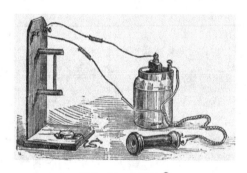

图 7-44　电话机 [3]

（2）埋革风（Microphone）即麦克风，是一种扩音装置，功能类似助声筒，乃"放大微声之器"，但麦克风是一种用电磁信号助声的设备。"取德律风之接声具，一柱连电池，一柱连电灯所用炭精条，另以炭精一条连电池之彼极，置此炭精之一于桌面，横置又一条于其上，持接声具，听炭精移动时所发之音，此声表电流之改变，而电环内所有之改变，只在炭精切处之阻力而已。"[4]麦克

① 倪尚达，王佐清. 电学入门［M］. 南京：中山书局，1932：130.
② 何德赉. 最新中学教科书：物理学［M］. 谢洪赉，译. 上海：商务印书馆，1904：383.
③ 何德赉. 最新中学教科书：物理学［M］. 谢洪赉，译. 上海：商务印书馆，1904：385.
④ 何德赉. 最新中学教科书：物理学［M］. 谢洪赉，译. 上海：商务印书馆，1904：384-385.

风最初是电话的伴生品，但是随后被广泛应用到各个行业，特别是音像唱片等娱乐行业。贝尔等科学家先后发明了液体麦克风和碳粒麦克风，这几种麦克风效果并不理想，背景噪声特别大，只是勉强能够使用。直到 1949 年，威尼伯斯特实验室研制出 MD4 型麦克风，它能够在嘈杂环境中有效降低背景噪声。当时文会馆实验室的麦克风应该是炭粒麦克风。

七、电灯及其应用

（1）电灯、铂灯、荣灯。早期的电灯灯丝是用铂丝制造的，用多个莱顿瓶连接以获得较大电压，又"二铜丝之间连以铂丝"，通电后即可发出强光，改进后"以细竹丝烧成炭丝以代替铂丝置于真空之玻璃球内，通以电流，则发光极烈"。[①]爱迪生于 1880 年使用竹炭灯丝制成白炽灯。1907 年碳化灯丝被钨丝取代，钨丝白炽灯沿用至今。由此可见当时的文会馆实验室电灯应该是竹炭灯丝的。

狄考文在第一次回国休假途经欧洲，遇上了塞勒斯·W·菲尔德（Cyrus W. Field），并使他对登州文会馆产生了兴趣。在休假结束回到中国之后，他即写信给菲尔德，请求他能捐赠一台发电机。数月之后，他收到了对方答应捐赠一台发电机的回信，这台发电机在为文会馆提供照明方面发挥了极有价值的作用。[②]狄考文第一次回国休假是 1879 年，1881 年年初返回中国，他在这时求得一台发电机，并用于文会馆照明，由此可以说明在登州文会馆亮起了中国第一盏电灯。

（2）弧光灯和电日月。弧光灯与电日月的原理是一致的，都是利用电流极点放电原理制造而成。弧光灯中有两根或三根碳棒，碳棒内芯由盐和金属氧化物制成，极点与电源相接。弧光灯发光强烈，常被应用到大型公共场所的照明。1878 年，巴黎世博会上弧光灯照亮巴黎大剧院街区，人们形象地称它为"电蜡烛"。1889 年，巴黎世博会用弧光灯制成的探照灯点亮整个巴黎。弧光灯发出

①　池田菊苗. 普通教育实验理化教科书 [M]. 王本祥，译. 上海：理科丛书社出版，1906：123.

②　费丹尼. 一位在中国山东四十五年的传教士——狄考文 [M]. 郭大松，崔华杰，译. 北京：中国文史出版社，2009：145.

的光成分与日光相接近，其发光原理是"二炭素棒接触而成，通以极强之电流时，则此接触部因抵抗甚大之故而生强热后，将此两棒略略离开，即有白色火花成弧状飞过间隙，其两端约热至二千度以上，故名弧灯。"[①]这一曝光装置有一定的缺点，"弧光灯之炭条必渐次消耗，而阳极之端，比阴极之端，其消耗之速为二倍故其间隙必渐增大，然欲光辉无变化，则必须使其距离常为一定，其方法甚多，而普通皆由电磁石之作用，以保一定之距离。"[②]弧光灯还对电压的变化和波动很敏感，发光时会产生脏物和灰尘，一定程度上影响了弧光灯的应用范围。

（3）射影灯实验。实为电射影灯（图7-45），以区别于以燃气为光源的射影灯。早期的射影灯是采用燃气作为光源，其缺点是不稳定，光照强度不强等。改用电灯为光源后，投影效果更为清晰稳定。电射影灯与燃气射影灯在其他方面原理是一致的。此器引日光过镜，使显微物，射像于白布之上，以便众目共赌，用时镶于暗室之窗门上，窗外用反光镜，引日光入，过二折光镜，聚于其光心点。欲显之物，置于此处，其前有三镜，其光心点与置物之处相近，在若干远处，置白布以承放大之物。[③]

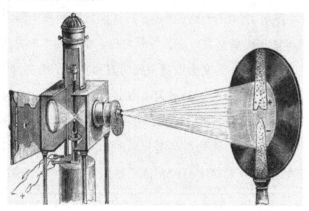

图 7-45　电射影灯 [④]

①　陈文哲. 普通应用物理教科书［M］. 北京：京师同文馆，1906：328.

②　中村清二. 近世物理学教科书：第九卷电气下［M］. 学部编译图书局，译. 东京：富山房，1906：15.

③　伍光建. 最新中学教科书：光学［M］. 上海：商务印书馆，1908：120–121.

④　ATKINSON E. Elementary Treatise on Physics：14th. New York：Willian Wood，1893：832.

八、X 射线实验

　　然根光诸器：然根光也即 X 射线，1895 年，德国的物理学家伦琴在探索阴极射线本性的研究中，意外发现了 X 射线，这是一种高能量光波粒子射线，其穿透性很强，所以一般物体都挡不住。文会馆是最早将 X 射线知识传入中国的学校，他们的光学教科书《光学揭要》的光学附就有这种射线的介绍。但很快，就把 X 射线实验归入了电学实验之中。X 射线的发明还与一位英国化学家和物理学家克路克司（William Crookes，1832—1919）有关，他发明了一种克路克斯管，这使得日光灯成为可能，他还发现和研究辐射效应等，为后来 X 射线和电子的发现提供了基本实验条件。克路克司将"玻璃泡内抽去空气，得最大之真空，而于泡内通过电气"[①]，克路克司管的发明为 X 射线的发现奠定了基础。

　　X 射线由于光波很短，所以穿透力特别强，它"能透过不透明之铝素、木材、布纸、肉等不透明之物质，不能通过于其他之金属、玻璃、骨等"[②]。X 射线并不是可见光，如何判断 X 射线的存在呢，文会馆教科书《光学揭要》指出，用以"虚无筒之两端连于电机之二极，将干片放于暗匣，使其暗面向上，距筒若四五寸许，暗匣上置金类之物，略待几分时，即将干片按法显之，则所置之物，其像可见。若将手置其上，则手之肌肉指甲等，仅能微阻其光，而其骨几能全阻其光，后按法显其像，则手之骨清晰可见"（图 7-46）。[③]还有一种更为先进的真空管，获得 X 射线更为方便，"自行节制真空管（图 7-47），于大管之旁尚有小管，大管内真空过高，电流不能透过，则有火星跳过空处，而过小管内，所发之负极光线，正击小球，并使其发热，则泾气被逐入大管内，令其真空变低如常。"[④]

　　① 莫耳登. 通物电光：卷三 [M]. 傅兰雅，王季烈，译. 上海：江南制造局，1899：18.
　　② 陈文哲. 普通应用物理教科书 [M]. 北京：京师同文馆，1906：338.
　　③ 赫士，朱保琛. 光学揭要 [M]. 上海：益智书会，1898：82.
　　④ 何德赉. 最新中学教科书：物理学 [M]. 谢洪赉，译. 上海：商务印书馆，1904：367.

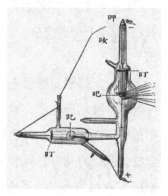

图 7-46　用虚无筒观察 X 射线 [1]　　　　　图 7-47　自行节制真空管 [2]

九、小结

　　这节实验的重点放在了电的应用方面。如各种电池的原理、制作及应用，文会馆实验室甚至有当时很先进的干电池，还有应用于电路实验的各种测量用电表，包括伏特表、安培表和电能表等。象征当时先进的生活质量和科学技术的电灯、电话和电报机，也是应有尽有，而且将这些技术产品的零部件做了分解讲述和实验，足见当时文会馆实验室在国内的先进水平。实验室还有一整套的 X 射线实验设备——然根光诸器，这套设备是研究 X 射线的必备仪器，当时的国内学校很少有这样的设施，它不仅是验证性的仪器，而且是科研创新必需的仪器设备。

第三节　磁学实验

　　磁学实验更像是电学实验的辅助性实验，一是理论性内容少，二是实验仪器也很少。而且磁学实验部分用大部分内容介绍磁铁的指南效应及其应用。实验室中的磁学器类仪器列举了 15 种：磁铁、磁称、磁鱼、指南针、水上磁针、

　　[1]　赫士，朱保琛. 光学揭要［M］. 上海：益智书会，1898：82.
　　[2]　何德赉. 最新中学教科书：物理学［M］. 谢洪赉，译. 上海：商务印书馆，1904：368.

量地罗镜、磁末小盘、磁转电流、侧针、钢屑、铁末、地磁环、磁感电流、磁针、航海罗镜。

一、指南针相关实验

指南针是中国古代四大发明之一，其样式有多种，如磁针、水上磁针、磁鱼。指南针的相关技术也被广泛应用到社会生活的各个领域。

（1）磁针。又称针形磁铁，是用条形磁铁制成，通常是狭长菱形，两头成尖形，故而得名。中间支起，可在水平方向自由转动，受地磁作用，静止时两个尖端分别指着南和北。水上磁针是利用水的表面张力，"以长式磁石，浮之水面，两头自向南北"。[①]水上磁针也是指南针的最早形式之一，原理与小磁针无异，只是要更轻小一些，再插在一漂浮物上，以便使磁针浮在水面上。磁鱼即指南鱼，北宋时期的军事著作《武经总要》卷15有关于指南鱼内容：用薄铁叶剪裁，长二寸，阔五分，首尾锐如鱼型，置炭火中烧之，侯通赤，以铁钤钤鱼首出火，以尾正对子位，蘸水盆中，没尾数分则止，以密器收之。用时，置水碗于无风处平放，鱼在水面，令浮，其首常向午也。到了清代，指南针经过多次改良，制成如怀表样式的指南针。

（2）量地罗镜（图7-48）。量地罗盘应该是中国特有的一种风水罗盘，通过观察罗盘中的磁针变化，来查看风水的好坏。从外形上看，罗盘是外方内圆围绕着中心点的指南针，以圆圈的形式布置了各种各样的符号刻度。一般的罗盘有二十四圈，大的罗盘甚至有三十六圈。其中包括八卦、二十四山、二十八星宿、六十四卦等，每一圈符号就是一个知识系统。量地罗镜虽然是一种有很大迷信色彩的装置，但却是利用了小磁针对磁场的变化的仪器。

（3）航海罗镜（图7-48）。航海罗镜又称航海罗盘、罗盘针，是利用磁铁特性制成的指南仪器，主要是用于航海事业上。其结构为"以圆式之盘，中悬指北铁针，上加玻璃罩，复有水称与远镜，俱悬于架，斯舟虽摇动，而盘自平

---

① 丁韪良．格物入门：电学卷［M］．北京：京师同文馆，1868：36.

稳矣"。[1]中间部分为罗盘,有四个可活动的旋钮承载它,即使船在颠簸的时候,也能维持罗镜的平稳。在磁针下面镶有玛瑙,支在尖柱上,针上有圆块,分三十二向,指北之向,做五角形。但是这种罗镜有两个弊端:一是中点镶玛瑙,对磁针损伤较大,时间久了会影响罗盘的精度;二是磁轴无定向。要除去这两个弊端,可以用两长方形磁条,置于罗盘中心左右,距心相等,而磁条相平行,必须选用铜制的磁盘,分度的圆块要轻,不可过重。[2]

图 7-48 航海罗镜[3][4]

二、其他磁学实验

(1)磁铁、马掌磁。磁铁又称磁石,分自然矿石和人造磁铁两种,有条形磁铁,有马蹄形磁铁等,文会馆实验室中这样的磁铁应该很多,如副电部分讲到的马掌磁。关于磁石的研究很多,本文不做详细介绍。

(2)侧针。疑似是笔误,应为测针,也称无极针,"两头相同之磁铁是也,两头既同,便不分南北,故名无极,或以磁铁两条,颠倒并为一条或以两条颠倒,居中安一横梁悬之,均不能指南北矣,夫他针欲其近赤道,平而不偏,又南趋,则南头下沉。迨至七十二度,亦直立矣,其铁针直立之处,即为电极,

① 丁韪良. 格物入门:电学卷 [M]. 北京:京师同文馆,1868:41.
② 伍光建. 最新中学物理教科书:磁学 [M]. 上海:商务印书馆,1907:48.
③ ATKINSON E. Elementary Treatise on Physics:5th. New York:Willian Wood,1872:546.
④ ATKINSON E. Elementary Treatise on Physics:14th. New York:Willian Wood,1893:677.

铁针两平处，即为电气之正纬。"[1]由于是两个相同的磁针，又按相反的顺序叠加在一起，因而在磁场上表现不出极性，因而称为无极针。

（3）磁称。又称磁力仪是用来测定磁异常的仪器，主要用途是进行磁异常数据采集以及测定岩石磁参数。文会馆的磁力仪是机械磁力仪，属悬丝式垂直磁力仪：磁称是使用一个可绕固定轴自由旋转的磁棒，利用磁棒偏转角的大小与外磁场强度成比例的关系来测量磁场的大小。[2]由于是用重力矩来平衡磁力矩，所以磁称只能测垂直或水平地磁场相对于一个固定点的改变值。磁称有垂直磁秤和水平磁秤之分，利用磁棒放置位置的不同可以分别测定垂直磁异常和水平磁异常，其机械原理与库仑电扭秤接近。

三、小结

文会馆实验室中还有钢屑、铁末等研究磁场必备的材料。从当时的物理教科书看，磁学一直是物理教学中不太重视的一个分支，但研究电磁学又无法绕开磁学这部分，因此，研究副电仪器之前必须对磁学做一个大致的了解。实验室中的仪器可以完全满足当时学校磁学教学实验需求。对于磁转电流和磁感电流，应该是副电实验研究的范畴。

第四节　副电实验

副电部分的实验主要是研究电和磁的相互关系的实验，实验仪器包括 23 种仪器：流感磁、磁感流、电磁铃、磁电铃、副电池、地磁感副统环、木头耳、流感流、副电盘、副电机、副电轮、地磁转电流器、代拿木、叟罗那、磁感流玻筒、磁转电流机、电弧灯、棱考夫副螺筒、马掌磁、磁涨表、静副电盘、电流转磁件、射影灯。

① 丁韪良. 格物入门：电学卷［M］. 北京：京师同文馆，1868：40.
② ATKINSON E. Elementary Treatise on Physics：14th. New York：Willian Wood，1893：685.

一、电流与磁场的相互转化实验

电流具有磁效应，即电流可以产生磁场。其产生磁场的方向可以用安培定则来判断：通电直导线中的安培定则是用右手握住直导线，让大拇指指向电流的方向，那么四指的指向就是磁感线环绕方向。

（1）流感磁实验。流感磁包括两种，一是通电导线产生磁场，二是通电螺旋管产生磁场。关于流感磁的实验形式很多，有一个比较简单且现象明显的实验，"电流所以生磁针之作用者，盖因通电流之导线周围成一磁场也，用导线贯厚纸之中央，而纸面散布铁屑，乃于此导线上通强电流，则铁屑成圆形分布。近导线者，尤为密集，是即沿直线而流之电流，所成磁场之指力线，此指力线与电流成直角，而在一个平面内成圆形，可由此实验而得其证。"[①]这一实验操作简单，且现象明显，不需要什么复杂仪器，因此现代物理实验中还经常用于演示流感磁现象。

（2）通电螺线管中的安培定则是指用右手握住螺线管，使四指弯曲与电流方向相同，那么大拇指所指的那一端是通电螺线管的北（N）极。关于通电螺线管的实验有："①将苏伦诺（螺线管）之一端，近长磁针之一极，则其吸南极者必推北极，吸北极者必推南极。②若令苏伦诺能自由运动，而以磁石棍近之，则苏伦诺亦必为磁石所吸引或推拒。装置中有金属条所制之架，其端有凹处，中注水银少许，而置苏伦诺导线之两端于此凹处，以使此苏伦诺可在垂直之轴上旋转。③今于此装置上通电流而放置之，则因其受地磁之作用，而苏伦诺之轴，必指子午线之方向而静止。"[②]

（3）流感流实验。所谓流感流即是以电流感生电流，其原理仍是变化的电流产生磁场，变化的磁场产生电流。由于电流的不断变化，而产生不断变化的磁场，继而产生不断变化的感生电流。其具体做法是（图7-49）：取中间为木

① 中村清二. 近世物理学教科书：第九卷电气下［M］. 学部编译图书局，译. 东京：富山房，1906：3-4.
② 中村清二. 近世物理学教科书：第九卷电气下［M］. 学部编译图书局，译. 东京：富山房，1906：4-5.

质或楮质空筒，筒外资上而下绕以粗铜丝，长至一百丈，粗细二铜丝均以丝锦包裹，稍涂以漆，粗铜丝二头接于卯寅（cd）二小柱，其柱钉于空筒下平板上。以电浪表（电流表）二铜丝通于子丑（ab）二小柱，又以电瓶之一极，接于卯字小柱，又一极则揣于手，凡手中一极通寅字小柱。电瓶之电入粗铜丝，磁针立即移动，观其移左移右，知细铜丝上亦有电，而其流行之向，与粗铜丝上相反，方电瓶之电经粗铜丝上，磁针即移几许，立回原所，从知细铜丝上已无电矣。然手中电线一离寅字（c）小柱，磁针又移，观其移侧之向，知细铜丝上电气流行，与粗铜丝上同向。西人称电瓶之电为母电，称第二丝之电为子电。[1] 这个以电流产生感生电流的实验介绍的很详细，包括实验现象中重点提到用电流表指针的偏转来判断感生电流的方向。这一实验设备在现代物理实验室也经常用到。

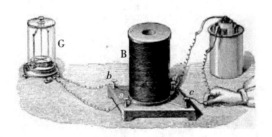

图 7-49　流感流 [2]

（4）磁感流、磁感电流（磁学器）、磁感流玻筒。磁感流是流感磁的反作用，是验证电磁感应的仪器设备。电磁感应则是指在变化磁通量中的导体，会产生电动势，这也是发电机、变压器和其他电力设备的工作原理基础。如图7-50，A为极灵敏之测电表，与线圈成合路，NS为磁棒，今以磁棒之北极，对线圈之中间投入，则A之指针转动，表示有电流通过，乃以磁棒自线圈中取出，A之指针又转动，惟动向适与前相反。故而第二次发生之电流，必与第一次发

① 李杕. 形性学要［M］. 上海：徐家汇汇报印书馆，1899：429.

② ATKINSON E. Elementary Treatise on Physics：14th. New York：Willian Wood and Company，1893：910.

生着反向，由此实验，即足证明磁场移动，产生电流，而电流与磁场，彼此得互变者也。^①这也是楞次定律的基本实验内容。

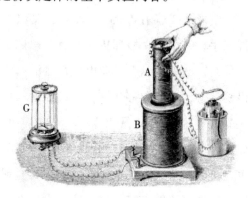

图 7-50　磁感流（插入电磁铁）^②

（5）静副电盘（图 7-51）。即是一通电金属盘 A 通过电场感应而使另一通电金属盘 B 具有电动势，通过两金属柱，接触人体，使人感受到感生电流的存在。

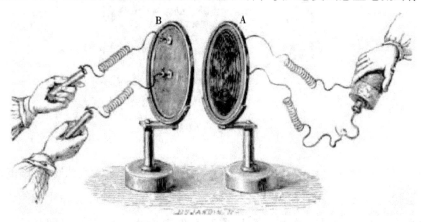

图 7-51　静副电盘^③

（6）地磁转电流器、地磁感副统环。地磁转电流器是利用切割地磁场的磁力线来发电的仪器，目的是检验地磁场的强弱以及方向。如图 7-52 所示，摇动把手 M 做运动，就会看到电流计指针发生微弱的偏转，这说明地磁场的存在并

---

①　倪尚达，王佐清. 电学入门 [M]. 南京：中山书局，1932：55.

②　ATKINSON E. Elementary Treatise on Physics：14th. New York：Willian Wood，1893：911.

③　ATKINSON E. Elementary Treatise on Physics：14th. New York：Willian Wood，1893：913.

说明它很弱。换个角度再重复这个实验，就会找到小磁针变化最大的位置，[1]这时表明磁力线垂直穿过 SR（地磁感副统环），从而确定地磁场磁力线的方向。

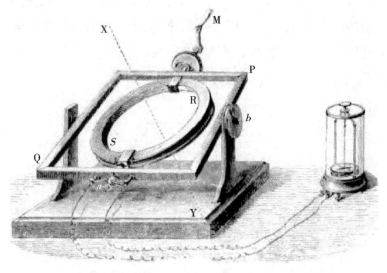

图 7-52　地磁转电流器 [1]

（7）棱考夫副螺筒。即感电圈，"乃一副铜丝圈，所以发高电势较之感电流者"。其基本组成有一个软铁心，有一个正圈（以绝电粗铜丝旋转数匝而成，连于电池），有一个副圈（以绝电细铜丝旋转多匝而成，连于 m、n 两立柱），还有一个开关，在正圈与电池之间，有一个蓄电器，在断点的二旁，与正圈相连，转撒器一个，用来"通断电路"。[2]文会馆实验室用此装置制成电磁铃。

（8）副电池、副电盘、副电机、副电轮。这些元器件都是无线电报所用之器械。无线电技术是由意大利科学家马可尼（Guglielmo Marchese Marconi，1874—1937）发明的，他是意大利无线电工程师，企业家，实用无线电报通信的创始人。1901 年，马可尼发射的无线电信息成功地穿越大西洋，从英格兰传到加拿大的纽芬兰省。1909 年，马可尼因发明无线电报而获得诺贝尔奖。无线电报的原理"乃籍棱考夫圈副圈之火星发电浪，感动金类粉之阻力有变也"。操作时，"以电钥司其正电环之通断，副圈之二极为二铜球，发火星以成电浪，其

①　ATKINSON E. Elementary Treatise on Physics：14th. New York：Willian Wood，1893：917.

②　何德赉. 最新中学教科书：物理学［M］. 谢洪赉，译. 上海：商务印书馆，1904：363.

一极又与直立铜丝相连，铜丝之顶装金类片一，圈之又一极，有时亦籍铜丝以通地。"这是发报的仪器结构（图7-53）。收报仪器的构造为："二三简池合成之连电池，成级而连于玻管，管内贮金类粉（如铜屑等），所以受电浪之感动。丙处名曰粘器，又有电报常用副磁铁一，成级相连，其衔铁所以通断本处之电环，本处电环即连电池响器与电磁铁。其衔铁丁，名曰失粘器。粘器之一，连于直立铜丝，又一边通地，与发报处之副圈同。"①

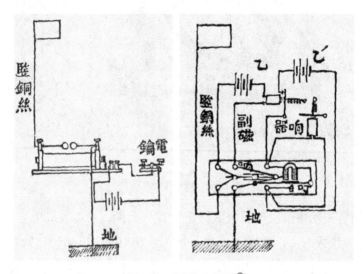

图 7-53　发报机原理图 ②

二、发电机原理及应用

代那模（图7-54）。即发电机，是将其他形式的能源转换成电能的机械设备，其形式多样，但其工作原理都基于电磁感应定律。"代那模者，转动引电质，交割磁力线，能以工力发电流之机器也。"②文会馆实验室所说的代那模，即是指这种动力发电机。"发电机乃度电圈在磁场内回转急激感应而生电流之器械也。"③而"工业上常用之"的还是隔电机。

①　何德赉. 最新中学教科书：物理学［M］. 谢洪赉，译. 上海：商务印书馆，1904：382.
②　何德赉. 最新中学教科书：物理学［M］. 谢洪赉，译. 上海：商务印书馆，1904：369.
③　陈文哲. 普通应用物理教科书［M］. 北京：京师同文馆，1906：341.

图 7-54　代那模（发电机）及其剖面图 [1]

　　（1）隔电机。即格拉姆电机，格拉姆（Z.T.Gromme，1826—1901）1826 年出生在比利时一个公务员家庭里，后来加入法国国籍。在学校学习期间，格拉姆的成绩并不是很好，但是他喜欢实际动手操作，能够轻易地制作各种技术设备。1867 年，格拉姆研制成功改进型的交流发电机。1870 年，格拉姆又发明了直流发电机，直流发电机和电动机在设计上很相似。格拉姆用实验证明向直流发动机输入电流，其转子会像电动机一样旋转，这种格拉姆型电动机大量制造出来，效率也不断提高，格拉姆被誉为"发电机之父"。虽说法拉第（Michael Faraday，1791—1867）早已从原理上确定了制造发电机的可行性，但他研制的发电机还只是用于实验室研究，格拉姆的发电设备则是真正能用于工农业生产的。

　　（2）除格拉姆发电机外，还有很有名的司脱勒发电机，如图 7-55 有大力之马掌形磁铁，于其两极前有绕螺旋圈之二软铁柱，定于一铁板上，而由轮与皮带能使铁柱绕一轴而旋转，且在磁铁前经过极速。此际螺旋圈中所生附电气，各于旋转半周之后，换其方向，盖其移远之时与移近之时，附电气之方向相反也，于是附电气因为橡皮层所隔绝，而传至接于轴之二轮上，别有金类黄条二，与轮相切，以传电气而至传方向，迭更变异，欲使得同方向之电气，则须于螺旋线之末与传电线之末相接之间，加一调换器，以调换其电气之方向焉。[2] 该发电机所发电为直流电，且可直接应用于各类实验和工作中，比如电解水。发电机的类型非常之多，而且机械发电机被广泛应用开来，图 7-56 就是一款克兰姆式之苏卡特发电机。

①　史砥尔. 格物质学［M］. 潘慎文，谢洪赉，译. 上海：美华书馆，1898.
②　饭盛挺造. 物理学：中编卷三下［M］. 王季烈，重编. 上海：江南制造局，1900：100–101.

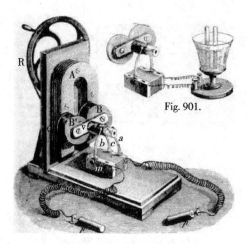

图 7-55　司脱勒发电机 [①]

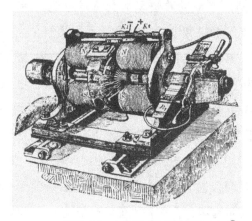

图 7-56　克兰姆式之苏卡特发电机 [②]

三、电动机

　　电动机与发电机的原理是一样的，只是其作用正好相反，用电磁力带动铁芯转动，做运动并对外做功，使电能转化为动能。

　　（1）木头耳。即电动机，"旋转克兰姆环，则生电流。反之，由外通电流至

---

　　① ATKINSON E. Elementary Treatise on Physics：14th. New York：Willian Wood，1893：923.
　　② 中村清二. 近世物理学教科书：第九卷电气下［M］. 学部编译图书局，译. 东京：富山房，1906：22.

克兰姆环，则由卷络圈与场磁石间之磁力作用，可使克兰姆环起旋转，因之于此，克兰姆环之心轴，接以轮，而套以皮带，则可传此运动至他处，以供种种之作用。依此理所造之器，名曰电气发动机。其构造与代拿模毫无所异，电气铁道之运动，即由电气发动机以起旋转也。"[1]可见当时的电动机已应用到工业生产中，电动机的铭牌型号种类很多，其中文会馆实验室有一种称为力电机的电动机。

（2）力电机（图7-57）。一种常见的电动机，它是把电能转换成机械能并对外做功的一种设备。

图7-57　力电机[2]

力电机由于使用的电源不同可分为直流电动机和交流电动机两种，目前工厂用电力系统使用的大部分是交流电机，交流电机又可以分为同步电机和异步电机。铜丝过磁界，交割磁力线，则铜丝内发生电流。反之亦然，如发电流经过磁界内之铜丝，则铜丝旋转，其方向正与发电流之方向相反。五十马力之代拿模未发电流时，一人能以双手旋转之，盖所胜者阻力而已，待代拿模疾转而

①　中村清二. 近世物理学教科书：第九卷电气下［M］. 学部编译图书局，译. 东京：富山房，1906：22.

②　ATKINSON E. Elementary Treatise on Physics：14th. New York：Willian Wood，1893：908.

发电流时，则非用汽机不能旋转，此因传电质携有电流，经此无形之磁力界，必须大力以为推移也。电动机之能力，即在此磁器之滞力常用之代那模，可反用之，作电动机，电动机之用甚多，自得其法，而运动机械之法大有进步。[①] 电动机工作原理与发电机的原理相同，是磁场对通电导体产生力的作用，并使电动机转动对外做功。

四、小结

　　这一章主要是研究电学和磁学实验，特别是电学，是整个文会馆实验室重点也是难点部分。这不仅是因为实验仪器品类繁多，还有实验内容、实验过程、实验现象都较为复杂，这也增加了研究这些实验的难度。文会馆时期，电学正在日新月异的发展之中，因此国外先进的电学理论和研究成果源源不断的传入中国，比如留声机、电灯、电话、发报机、接收机、电射影灯，还有电影[②]，当时研究 X 射线的全套设备等。与此同时，文会馆实验室也在不断更新实验仪器和设备，如随着电射影灯的引入，传统的燃气射影灯被逐渐淘汰掉了，不再计入实验仪器之中。这些都丰富了文会馆电学实验室的内容，也提高了学生学习的兴趣和探索新事物的热情。

① 何德赉. 最新中学教科书：物理学 [M]. 谢洪赉，译. 上海：商务印书馆，1904：391-392.
② 文会馆毕业生孙希圣最早将英语 "cinema" 翻译成电影。

第八章
相关问题及后续影响

第一节　文会馆物理实验研究的几点问题

通过前面的各章内容，对文会馆物理实验做了一些探讨，在此基础上，尝试回答一些文会馆物理实验的相关问题。

一、文会馆物理实验室建设的渠道与动力机制问题

山东省是孔子故里，儒家文化底蕴深厚。登州文会馆作为美国基督教北长老会在山东开办的学校，在当时的历史条件下规模不大，曾一度开设与中国当时科举制度下学子读书内容完全一致的传统课程。西方的基督教文明和中国的儒家思想似乎在文化教育上找到了某个契合点，在这种默契的背后也有激烈的礼仪冲突，赫士因反对偶像崇拜愤然从山东大学辞职就是一例。登州文会馆最终选择将文理、中西甚至工科和医科都作为她的教授内容，她也是最早强调讲授西方自然科学知识的教会学校，[①]其授课模式，学生管理等都很有自己的特色，在 19 世纪 80 年代初就发展为一所高水平的综合性大学。

---

① 何晓夏，史静寰. 教会学校与中国教育近代化［M］. 广州：广东教育出版社，1996，11：303.

文会馆的物理实验室建设历时四十多年，经历了三个阶段。第一个阶段是狄考文初创实验室时期，此时的文会馆校舍简陋，生源困难。狄考文自写教材，自制仪器，并通过购买求人捐赠等形式创建起物理实验室。第二阶段是赫士携夫人赫美吉 1882 年来华，带来一些仪器设备包括一架十英寸口径的望远镜，建起了天文台，翻译《天文揭要》《光学揭要》《声学揭要》《热学揭要》等物理著作，并加强了自制和购买实验仪器设备的力度，学校物理实验室初具规模。第三阶段是伯尔根 1901 年接替赫士，担任文会馆监督，与路思义一起建设高标准实验大楼和标准化物理实验室。这一时期文会馆物理实验室建设更多地依赖传教士回国募款，柏尔根在美国募款建起了实验大楼——康伟楼，路思义回国募款更是高达数万美元，添置了许多更好更先进的实验仪器。因此，文会馆实验室的建设主要还是来自狄考文的自制仪器，经费则是主要依靠美国的募捐。

这些工作的完成都离不开一个宗教机构——美国北长老会，包括狄考文、赫士、路思义等人都是这个机构派来的。他们之所以建立学校，建立这么先进的物理实验室，用狄考文的话说，就是要用先进的科学技术驱除中国人头脑中的愚昧和迷信，装入基督教科学思想（狄考文认为基督教也是科学），因此传播基督教文明是他们的主要动因。正是基于此目的，传教士们不远万里，不惧生死来到中国传播科学，传递福音。同时，传教士在传播福音的过程中，目睹近代中国饥荒战乱、贫穷落后的面貌，希望通过传播科学技术来改善人民的生活状况。

二、传入物理实验仪器的水平以及教师教育水平

文会馆的物理实验仪器水平应该是很高的，这从关于狄考文的一些史料中能得到验证，山东差会就在一份报告中指出，文会馆已经拥有大量先进的教学仪器，狄考文自己也说过文会馆拥有和美国普通大学一样好的仪器设备，而且比杰斐逊学院的两倍还多。这主要得益于狄考文，他本来就受过正规的大学教育，更重要的是他勤奋好学，自制的仪器水平很高。同时他们购买的仪器也都是先通过市场调查，要买最好最先进的。

文会馆的教师物理实验水平整体并不高，这可能与当时来华传教士的整体

科学水平有关。比如丁韪良长期以来被认为是文理兼具的全能型人才，他长期担任京师同文馆的总教习，翻译《万国公法》，编著《格物入门》等，但细细研读《格物入门》，其中是有许多错误的，如他解释的搅水龙的原理和海陆风形成的原因并不全面，而且这并不是翻译的问题，还有丁韪良对电解水的解释更是凸显出他化学知识的欠缺。同样路思义作为耶鲁大学的高材生，却也很难教授文会馆的物理课程及实验，需要大量的备课时间才行，而他接替是狄考文，因为当时没人能胜任物理课的教学，所以长期一直由狄考文教授物理课。当然赫士也能胜任物理课教学，他却要一直教授天文学和化学等课程。狄考文、赫士、路思义和柏尔根应该是晚清众多的来华传教士极为优秀的具有较高科学素养的人才，这是文会馆的幸运，也是山东的幸运。

三、发现了一些关于文会馆物理实验建设的新史料

通过对狄考文、赫士、路思义等人的研究，发现了关于文会馆物理实验建设的一些新的史料，比如他们之间的通信联系、路思义的日记以及家庭档案等。还有发现了部分书籍内关于文会馆物理实验的内容，如韩同文的《广文校谱》内就有大量关于物理实验的图片及相关内容。还有加拿大的毛大龙教授也对赫士的贡献有很深的研究，还得到了赫士孙女写的回忆录《中国遗产：一点记忆》及她在 2016 年的采访录像，还得到了很多关于文会馆的英文杂志书籍资料，包括《齐鲁大学》的中英文版和《路思义传》的中英文版。文章还首次对赫士编译的教科书《声学揭要》和《热学揭要》做了研究，特别是《声学揭要》，很少有书籍涉及其中的内容，对《光学揭要》也做了较为深入的分析和探讨。

四、实验对人才培养及地方经济的影响

文会馆培养出了当时中国急需的建设性人才，虽然人数不多，却起到了重要的引领作用。文会馆先进的物理实验器材是优秀人才的重要保障。截至 1908 年，获得毕业文凭者共计 205 名。其中，在政府开办的学校做教师的 38 名，在

教会学校做教师的 68 名。这些毕业生分布于 100 所学校，遍布中国 16 行省。培养出了像王锡恩、尹焕斋等一批优秀的教育、管理人才。民族资本家滕虎忱利用文会馆仪器设备和培养的人才建起了华丰机器厂，文会馆毕业生尹焕斋创办了信丰染印公司，都对当地经济发展起到了巨大的带动作用，也为中国的民族工业发展做出了贡献。

第二节　文会馆物理实验的后续影响

一、对广文中学的影响

文华中学是广文中学（图 8-1）的前身，由狄考文的弟弟狄乐播（Robert McCheyen Mateer，1853—1921）于 1883 年创建。设男子学校文华馆，亦设女子学校文美馆。1917 年，广文大学由潍县迁往济南，成立齐鲁大学。原广文大学的机器设备和教学仪器，都移交给文华中学[①]。包括各种先进的机床设备，很多教学仪器更是全国中学中独一无二的[②]。

图 8-1　广文中学主实验楼及教室（原广文大学康伟楼）[③]

---

① 1931 年 3 月，根据山东省教育厅指令，校董会奉命召开临时会议。全体一致决定将文华中学、文美女中和培基小学合并为一个学校，因在原广文大学旧址，且文华、文美联合而文益广，故取名广文中学。
② 韩同文. 广文校谱［M］. 青岛：青岛师专印刷厂，1993：65.
③ 图片由赵曰北老师提供。

当时接任文华中学校长的是拉尔夫·威尔斯（Ralph C Wells）[①]，他非常重视培养中国人做学校的接班人，于是选送尹焕斋出国留学，等到尹焕斋学成回国后担任学校的副校长，后来更是推举尹焕斋直接担任学校的校长，学校在尹焕斋的带领下获得很大发展。1928年，南京国民政府统一中国后，颁布《私立学校条例》，要求全国所有私立学校都必须向相应的政府主管部门立案，校长必须由中国人担任。1931年暑假，校长尹焕斋及数名教职员工辞职。1932年10月17日，山东省教育厅批准潍县广文中学立案，至此，国民政府正式承认广文中学的合法地位及学生的毕业文凭。[②]

1933年5月，广文中学举办50周年校庆，学校举办了各种展览：动植物标本及矿物样本展览，各种物理、生物和机器设备的图表、模型及实物展览，农业方面的展览有学校农场科学种植，邻近各县高产的农作物标本，及新式农具等。学校的理化生物实验室也对外开放，由学生自己操作表演氢氧爆炸、模拟雷电、控制电灯电机，讲解内燃机、蒸汽机、发电机和电动机原理等。

二、对潍坊地区民族工业的影响

文会馆迁往潍县后，狄考文把登州的仪器制造所也迁了过去，并扩充了规模，增添了设备，购买的机器都是"最好的"。制造所可以"制作各种仪器或电器及蒸汽设备"，还可以制作"引擎、发电机"等"任何器具"。[③]学校迁到济南后，将制造所和仪器设备留给了文华中学。1920年，文华中学仪器制造所技师滕虎忱利用学校的技术设备和培养的人才，创办了华丰机械厂，该厂生产的柴油机、发电机和电动机行销全国，对潍坊乃至整个山东地区的工业发展起到了重要的带动作用，后来驰名全国的潍坊拖拉机就是出自这里。

（1）滕虎忱和华丰机器厂。广文大学理化制造所工程师冯纯修，去济南创

---

① 即卫礼士，是与路思义在登州一起教学生打篮球的那个人。

② 韩同文. 广文校谱［M］. 青岛：青岛师专印刷厂，1993：63.

③ 费丹尼. 一位在中国山东四十五年的传教士——狄考文［M］. 郭大松，崔华杰，译. 北京：中国文史出版社，2009：164.

业。这时文华中学急需技术人才管理和维修机器设备。当时的校长尹焕斋，聘任滕虎忱为学校理化制造所技师，开设铁工课。从此滕虎忱有机会深入钻研各种机器设备和教学仪器的工作原理及制造工艺，进一步提高了技术水平。为解决学生就业问题，尹焕斋毅然支持师生自谋职业，学校提供技术和资金支持，滕虎忱和文美女中毕业的夫人唐文英决定创办机器厂，尹焕斋也出资五百元，并代向校友招股集资两千余元，并将学校和医院理化仪器制造所的几台机床借给他，滕虎忱又添置了几台简陋的人力机床，租赁几间草屋创办了自己的工厂，并取名"华丰机器厂"，有"中华""丰盛"之意，滕虎忱自任厂长。该厂陆续试制成功榨油机、弹花机、轧花机、织布机等产品，销量很好，特别是宽幅铁织布机性能优良，用人力织出的布可与进口洋布媲美，带动了当地经济发展，提高当地居民的生活水平。

自华丰厂机器厂创办时起，就大量招收有文化的徒工创办技校，华丰厂实际也是一所半工半读的技校，所有徒工都半天生产半天学习。理论与实践紧密相结合，收效很大，四年一期，先后共培养各种专门技术人才千余名，其中多数是文华中学的学生。这种模式非常类似德国双元制职业教育，并且这种教育模式又以工厂实习为主，工厂中的实践和在技校中的理论教学密切结合。华丰厂培养的技术人才很多成为厂子的技术骨干，还有很多人自主创业，分别创办洪丰、天丰、蚨丰、草丰、大丰、新华、益民和育秀等十多家机器厂，这些机器厂生产机器，仅织布机就有几十万，远销十几个省市，仅潍县、昌邑和安丘三县就有十余万台，日织布两万余匹，使几十万农民脱贫致富。[①]潍坊地区也从此成为山东工业化程度最高的地区之一。

滕虎忱利用自身的技术优势，试制成功我国第一台柴油发电机，先批量生产8马力、15马力、25马力和40马力卧式低速柴油机。1932年，尹焕斋便帮助滕虎忱再次集资，兴建华丰机器二厂，由李占元任厂长，专门生产各种规格的发电机和各种用途的电动机。曾生产14千瓦和40千瓦发电机，大批量生产供应全国各地。著名的冯玉祥将军，参观华丰机器厂及职工的福利设施和技工

---

① 韩同文. 广文校谱 [M]. 青岛：青岛师专印刷厂，1993：71—73.

学校后，赞扬了滕虎忱艰苦创业的精神，他感慨地说："如果全国有 200 家像你们这样有血性能奋斗的企业，国家的前途就大有希望。"①

（2）尹焕斋潍县信丰染印公司。尹焕斋，即尹炳文，字焕斋，广文大学 1911 年毕业生，青州府寿光县星落庄人士，潍县文化书院教习。②尹焕斋先后担任文华中学副校长、校长等职。1931 年，文华中学校长尹焕斋辞职后，在校董滕虎忱帮助下，联合潍县当地的绅商大户多方合资 12 万元，创办了信丰染印公司，尹焕斋任总经理，郭履平③任厂长，选购日本印染设备。当年投产，当年见效。

为了扩大生产，尹焕斋校长利用学校的文艺人才，开展宣传活动，向广大群众反复宣传，信丰向社会发出广告："本公司同人鉴于年来国内实业之不振，以致外货充斥利权外溢，遂起而联合同志，征集巨资，购置新式机器，聘请专门技师制造：各种阴丹士林色布、各种爱国色布、各种线哔叽、各种印花布、各种法兰绒、各种打连绒。开办虽为时不久，然以出品精良，价格低廉，使外国布匹在潍无推销之余地，现正积极研究，精益求精，以期普遍全国，挽回布业利权，深望社会人士予以援助，实业之振兴与全民族之命脉有关，非仅为个人之私利也。"④宣传起了很大作用，当地群众纷纷购买信丰的股票、投资入股。信丰产品质量好，生产规模大，当年就获利五万多元使信丰染印公司一跃而为山东印染业之首。尹焕斋任文华中学校长二十多年，德高望重誉满乡里，深受群众敬重信任也是信丰成功的重要原因。

华丰机器厂和信丰染印公司的巨大成就，鼓舞了众多的广文校友，由于原文华中学校长尹焕斋的大力宣传和带头实干、校董滕虎忱在设备和技术上的无私支援，广文校友纷纷参加大办实业。校董王宣辰自己设计并创办华北酒精厂，校董于粹亭创办华东制革厂，校董张寿五创办轮昌自行车厂，校董会长葛灼三创办德丰织布厂，校友丁子明创办惠丰火柴厂，校友李义山创办义丰木材厂，

① 刘新勇. 民族资本家滕虎忱 [J]. 春秋，2007（3）：17.
② 郭大松. 中国第一所大学——登州文会馆 [M]. 济南：山东人民出版社，2012：158.
③ 郭永和，1932 年任潍县信丰染厂厂长，1938 年因参加武装抗日，牺牲在日寇的刺刀之下。
④ 潍坊政协文史委. 潍坊工商老字号 [M]. 北京：中国文史，2001：1.

校友刘相霖创办大东百货店，校友张相珂创办山东百货店，校友陈立符创办福东百货店，校友丁敬亭创办泰东商行，校友梁峻峰创办新新百货店，还有蚨丰磨坊等许多工商企业也都是广文校友创办的，他们以华丰机器厂、惠东药房和信丰染印公司为龙头，组成了潍县地区最强大的工商业集团，带动当地民族工商业快速发展。[①]

三、对学术研究的影响

1910 年，登州文会馆毕业生的统计数字，其中也包括在潍县广文学堂毕业的学生：获得毕业文凭者共计205 名。其中，在政府开办的学校做教师的38 名，在教会学校做教师的 68 名，教会牧师 17 名，福音布道师 16 名，从事翻译工作者及报刊主笔 10 名，经营商业者 9 名，医生 7 名，邮局职业者 4 名，铁路职员2 名，基督教男青年会干事 2 名，海关职员 1 名，工程局职员 2 名，秘书 1 名，在各自家乡任职 6 名，亡故 22 名。另外，还有约 200 多名在登州文会馆学习的学生没有取得毕业文凭，为肄业生。这些毕业生分布于 13 个教派，100 所学校，遍布中国 16 行省。[②]文会馆的很多学生为我国近代的学术研究做出很大贡献，其中就包括文会馆毕业生优秀代表王锡恩。

王锡恩（1872—1932），字泽普，青州市高柳镇东王车村人．清光绪十九年（1893 年）王锡恩毕业于登州文会馆，他是文会馆的第十五届毕业生。王锡恩在登州文会馆学习以及以后在多所高等学校当教习期间，都得到了狄考文、赫士两位博士老师的指导和良好影响。王锡恩进入登州文会馆读书前，文会馆就建有"观星台"，传授"天化格算"，狄考文和赫士教授就讲习这一课程，王锡恩成为狄考文、赫士两人的得意门生，毕业以后即留校当教习。历任登州文会馆、山东大学堂和广文学院物理教习。

1901 年，原文会馆监督赫士受当时的山东巡抚袁世凯之邀，到济南创办山

---

① 韩同文. 广文校谱 [M]. 青岛：青岛师专印刷厂，1993：78.

② 费丹尼. 一位在中国山东四十五年的传教士——狄考文 [M]. 郭大松，崔华杰，译. 北京：中国文史出版社，2009：158.

东大学堂。赫士便带了登州文会馆的 6 名西学教习前往，王锡恩即为 6 人之一，当时任物理教习。其间，王锡恩曾一度被袁世凯聘为家庭教师，向袁的子女传授知识。1903 年，赫士因不满学校强迫学生跪拜祭孔愤而辞职，王锡恩等人也跟随赫士辞职。

1917 年，王锡恩任齐鲁大学天算系（天文算学系）教授兼主任和天文台台长，一直到他去世前，竟然无人能够替代。他也是齐鲁大学各系主任中唯一的中国人，天文算学系是"齐大"的有名科系，他专攻天文学和数学，著述甚丰，成就卓著，是著名的天文数学家。王锡恩于 1932 年逝世于济南，当时的《社友》杂志做了报道。

王锡恩在齐鲁大学担任天算系教职达 30 年之久，深受学生爱戴，于 1928 年获得荣誉硕士学位。生平酷爱科学，除研究天算早有心得外，还兼攻电学。其发明的日食新法，曾在《科学》杂志发表。

王锡恩事略：考讳万箱，基督教徒，邃于天算。先生世其家学，幼童即授习不同心体本轮均轮椭圆诸术。不幸十三岁失怙，倚母氏在教会佣工，得在教会求学，二十三毕业于登郡文会馆，为狄考文先生之高足，留馆授徒，乃益研究西哲撰述。于美国罗密斯（Loomis）日月食步法，普鲁士人白塞尔（Bessel）日食及月掩星法，皆详揭精要，变通证法，图解显明，道归实用。在馆数年，时山东巡抚创立高等大学堂特聘先生充科学教习八年。及文会馆迁于潍县改称广文大学，应数理教授及天算系主任先后凡二十六年。中国北部人士，能自推日历作交食图者自先生始。民四袁总统以重金延先生充中央观象台台长，先生以志在教育，终未肯就。译著有《勾股演代》《图解三角术》《物理微积学》《实用天文学》等皆已印行。先生更精通物理，对于电学尤极擅长。著有《无线电学》《无线电学原理》，均在商务印书馆出版。晚年以白塞尔日食算法理奥式繁，不易为学者解。乃穷毕生之力，创绘图日食新算法，式简理显，所得时分，极为准确。释行欧美，举世震惊，为各天文学家所宗仰。巴黎世界天文学会，特专函邀为会员。

由以上内容可知，王锡恩是在 13 岁时就失去父亲，因为母亲在教会做佣工，才有机会到登州文会馆学习，并非传闻那般是其父王万箱与狄考文打赌后，送王锡恩到文会馆学习的。

王锡恩的著作《无线电原理》于 1933 年（初版）由商务印书馆出版，1935 年又 2 版印刷。该书共分为十九章，即一绪言；二电气振动；三论电波；四协振；五现波器；六发波器；七振动螺线；八火花隙口；九天线地线；十蓄电器；十一电池；十二测量器；十三调整器；十四相助为用之器；十五电报号码；十六无线电报之装置；十七军用无线电报；十八无线电话；十九军用无线电话。

1932 年，王锡恩因病去世，享年 60 岁。齐鲁大学将学校两座天文台中的较大的一个命名为"泽普观象台"，以示纪念。

文会馆建校数十年间，培养了许多优秀的科技人才，王锡恩只是他们中的一个代表，这些人对当地科学技术和社会经济的发展，起到了重要的作用。

第三节　后续工作及展望

一、物理实验室仪器的实物搜寻工作

本书对登州文会馆的物理实验室做了一个较为全面的梳理，然而一百多年过去了，很多资料已经遗失，特别是文会馆师生是如何操作实验仪器，实验的过程、实验的效果怎样等这方面的资料很难找到。笔者曾经对文会馆师生的后人以及现在健在的齐鲁大学的毕业生做过采访[1]，因为时间太长，他们的记忆很多也已经模糊了，今后还要不断加强这方面的资料搜集工作。

济南大学泉城学院登州文会馆纪念馆和山东大学校史研究机构早已开展对物理实验仪器的实物搜寻工作，但成效不大。一方面是年代久远，一些仪器早

---

[1]　笔者曾于 2016 年 10 月对山东省政协副主席苗永明做过专访，苗永明和他的两个哥哥苗永瑞、苗永宽都是齐鲁大学 1952 届毕业生，史称"三苗"。苗永明 1997 年被推举为齐鲁大学校友会会长。苗永瑞是中国科学院院士、中国工程院院士，已故。苗永明老人讲述了他们在齐鲁大学的生活学习情况。

已锈蚀毁坏，另一方面是仪器的名称和外观与现代实验仪器有很大差别，无法辨识。在潍坊二中（原广文大学校址）的校史纪念馆内存有一定数量的设备，但大多是广文中学时期的设备和仪器。

二、一点展望

本书写作的另一个作用是为重建登州文会馆物理实验室提供技术支持和佐证材料。书中对大多数物理实验仪器做了考察，并附有实物图片，这样方便查找、仿制这些仪器。方法思路如下。

一是结合文章实物图片及特征继续查找、搜寻原文会馆物理实验室仪器。

二是结合本文仿制文会馆的仪器。文会馆的实验仪器大约有三分之二的是狄考文仿制的，狄考文可以仿制别人的仪器，我们也可以仿制狄考文的仪器。

三是加强到海外的仪器搜寻工作。狄考文、赫士、路思义都是美国人，实验仪器也大多购自美国，美国应该有保存较好的同时期的仪器。美国的宾夕法尼亚大学和耶鲁大学现存大量关于狄考文、赫士和路思义的文史资料。另据清华大学冯立昇教授指出，中国台湾南投县有较好的实验仪器博物馆。今后将加强这方面的搜寻工作。

登州文会馆是近代中外科技交流的一所宝库。在文会馆基础上建立的齐鲁大学，现属于山东大学医学部，建筑群基本保存完好。有考文楼（物理楼，是纪念狄考文而命名的大楼）、柏尔根楼（化学楼，是纪念文会馆第三任监督柏尔根而命名的楼）等（图8-2）。山东省人民政府于2006年12月7日将原齐鲁大学近现代建筑群列为第三批省级文物保护单位。2013年5月，国务院将原齐鲁大学近现代建筑群作为近现代重要史迹及代表性建筑列入第七批全国重点文物保护单位名单。如果能将重建的登州文会馆物理实验室存放在考文楼（物理楼）中，将是一件很有意义的事情。当然这项工作将是一项艰巨的任务，需要更多的学者参与进来。

图 8-2　现存的考文楼和柏尔根楼（来自孙基亮博客）

　　文会馆实验室包括物理实验室和很完备的化学实验室，在对物理实验室继续进行研究考证的同时，笔者也将对文会馆化学实验室展开探索研究。

主要参考文献

一、著作、档案类

［1］密立根，盖尔. 实用物理学［M］. 周昌寿，高铦，编译. 北京：商务印书馆，1932.

［2］丁韪良. 格物入门［M］. 北京：京师同文馆，1868.

［3］艾约瑟，李善兰. 重学［M］. 上海：美华书馆，1867.

［4］莫耳登. 通物电光：卷三［M］. 傅兰雅，王季烈，译. 上海：江南制造局，1899.

［5］合信. 博物新编［M］. 上海：墨海书馆藏版，1855.

［6］劳埃德. 电学［M］. 傅兰雅，徐建寅，译. 上海：格致书院，1879.

［7］王元德，刘玉峰. 文会馆志［M］. 潍县：广文学堂印刷所，1913.

［8］赫士，朱保琛. 光学揭要［M］. 上海：益智书会，1898.

［9］李杕. 形性学要［M］. 上海：徐家汇汇报印书馆，1899.

［10］何德赉. 最新中学教科书：物理学［M］. 谢洪赉，译. 上海：商务印书馆，1904.

［11］伍光建. 最新中学物理教科书：光学［M］. 上海：商务印书馆，1907.

［12］饭盛挺造. 物理学［M］. 藤田丰八，译，王季烈，重编. 上海：江

南制造局，1900.

[13] 史砥尔. 格物质学 [M]. 潘慎文，谢洪赉，译. 上海美华书馆，1898.

[14] 葛思德. 勇往直前：路思义的心灵世界 [M]. 甘耀嘉，译. 台北：雅歌出版社，1999.

[15] 费丹尼. 狄考文传——一位在中国山东四十五年的传教士 [M]. 郭大松，崔华杰，译. 北京：中国文史出版社，2009.

[16] 郭查理. 齐鲁大学 [M]. 陶飞亚，鲁娜，译. 珠海：珠海出版社，1999.

[17] 陶飞亚，刘天路. 基督教与近代山东社会 [M]. 济南：山东大学出版社，1985.

[18] 郭大松. 中国第一所现代大学——登州文会馆 [M]. 济南：山东人民出版社，2012.

[19] 辛格. 技术史 [M]. 王前，孙希忠，译. 上海：上海科技教育出版社，2004，12.

[20] 朱有瓛，高时良. 中国近代学制史料 [M]. 上海：华东师范大学出版社，1993.

[21] 韩同文. 广文校谱 [M]. 青岛：青岛师专印刷厂，1993.

[22] 山东省档案局，山东省档案馆. 山东档案 [M]. 济南：山东人民出版社，1990，10.

二、期刊、学位论文类

[1] 崔华杰. 登州文会馆与山东大学堂学缘述论 [J]. 山东大学学报（哲学社会科学版），2013（2）：126–131.

[2] 崔华杰. 狄考文研究 [D]. 济南：山东师范大学，2008.

[3] 狄考文. 侯氏电机 [J]. 格致汇编，1881，4（9）.

[4] 丁韪良. 论鹤颈秤 [J]. 中西闻见录，1872（3）：12.

［5］李迪，白尚恕. 我国近代科学先驱邹伯奇［J］. 自然科学史研究，1984（4）.

［6］陶飞亚. 十九世纪山东新教与民教关系［J］. 文史哲，2008（11）.

［7］王冰. 明清时期（1610—1910）物理学译著数目考［J］. 中国科技史料，1986（5）.

［8］王大明. 京师同文馆及其历史地位［J］. 中国科技史料，1987（4）.

［9］王广超. 赫士译编《光学揭要》初步研究［J］. 或问，2016（29）：53-68.

［10］王妍红. 美国北长老会与晚清山东社会（1861—1911）［D］. 武汉：华中师范大学，2014.

［11］咏梅. 饭盛挺造《物理学》中译本研究［D］. 呼和浩特：内蒙古师范大学，2005.

后记

　　本书是我的第一部专著，是在我博士论文的基础上写成的。最初选择登州文会馆这个研究方向，董杰老师给了我很多相关信息和指导，这本书的写作和出版还得到了郭世荣教授和咏梅院长的大力支持，在此一并表示感谢。

　　之所以选择研究登州文会馆的物理实验，有三个原因。第一，这所大学的物理实验室达到了同时期美国一些普通高校的水平，而且学校在经费紧缺的情形下自己动手制作了很多实验仪器，其制作水平不亚于同时期进口的仪器设备。到 20 世纪初，他们已经可以制作更多的教学实验仪器向外销售。第二，我个人有 20 年中学物理的教学实践经验。第三，我的专业是物理学史方向，加上研究晚清时期科技实验的人很少，研究登州文会馆的学者又大多是文科背景，研究物理实验史并不是他们的强项，而且研究这所晚清民办高校的教学科研情况对于培育大学精神也有着积极意义。

　　刚开始的研究并不顺利，遇到的最大困难是资料问题。这方面的资料非常少，我当时能找到的资料只有记录文会馆实验仪器名称的四页纸的照片。当时的实验名称还没有统一的叫法，与现代物理实验词汇有很大区别，所以大多数仪器仅凭名称无法判断其作用。为了查找资料，我去过烟台蓬莱的泉城学院、国家图书馆、中国科学院自然科学史研究所、上海复旦大学等地，并在贺爱霞的帮助下，于 2017 年 5 月去了香港道风山基督教研究所和香港浸会大学访学，在图书馆查找到大量相关资料。美国翻译家协会的吕丁倩女士和耶鲁大学图书馆的琼·R.杜菲为我提供了路思义家庭档案的原始档案扫描文件。

随后在研究写作中也遇到了一些问题，主要是不知道如何用科技史的视角去研究、撰写物理实验史的文章。为此，郭世荣教授经常与我进行讨论，并指导我修改文章，有时候需要反复修改十多次。论文在成稿后还得到了中国科技大学人文学院胡化凯教授、北京科技大学梅建军教授、清华大学冯立昇教授等老师的指点和帮助，他们对论文的题目、体例、结构、内容都提出了很多宝贵意见。博士毕业后，我一直希望有机会将研究成果出版成书，为之后的研究者提供一些研究的方向和资料。如今在母校内蒙古师范大学科技史研究院咏梅院长的帮助下，本书得以出版，也算完成了一桩心愿。

书籍出版之际，愈发觉得忐忑不安，觉得书籍还是有很多不足之处，但又苦于没有新的史料和仪器实物发现，也很难再有太大突破。书中存在的问题主要有以下几点。

一是我虽然查阅了国内外大量资料，但是始终未找到《格物入门》作为登州文会馆早期物理教科书的直接证据。我找到的间接证据包括文会馆的水学、力学、气学等实验室的仪器设施与《格物入门》相应章节的描述高度契合，还有丁韪良与狄考文极为良好的个人友谊，以及《格物测算》一直是文会馆的指定教材。文会馆毕业生的后人孙健三先生也认为文会馆的前期教材就是《格物入门》。

二是本书第四章对《热学揭要》和热学实验室的研究还不够深入，《热学揭要》相较《光学揭要》《声学揭要》两本书印数少，影响力也较弱，相关的研究资料也少。目前国内已知的只有中国科学院图书馆收藏该书。今后将文会馆的物理教育书籍做一个综合性的研究，挖掘其中的内在联系，以期形成一个清晰完整的物理实验教育图景。

三是没有发现实验仪器的实物。由于年代较远，实验仪器实物或损坏或锈蚀，都已遗失，本人将继续寻找相关的实验仪器，希望有所收获。同时计划将依据实物图片进行仿制，希望能部分重现原文会馆实验室的风貌，当然，这需要大量人力物力的投入，现在条件还不成熟。

四是对文会馆毕业生的研究还很不够。文会馆的毕业生大多成为当时的栋梁之材，如王锡恩、朱葆琛、王元德等人，对这些优秀毕业生的研究将凸显文会馆先进的科技实验教育的作用。

我今后还会继续沿着这条路走下去。今后的研究方向有登州文会馆化学实验研究、登州文会馆生物实验研究，进而扩展到整个晚清大学的科技实验研究。相信这些努力，对于重写中国近代科技实验史应有一定裨益。